新疆北部主要盐湖水生生物资源及常见水生生物图谱

———— 王智超 宋 勇 等 著 ————

中国农业科学技术出版社

图书在版编目（CIP）数据

新疆北部主要盐湖水生生物资源及常见水生生物图谱 / 王智超等著. --北京：中国农业科学技术出版社，2025.3. --ISBN 978-7-5116-7272-8

Ⅰ.Q178.42-64

中国国家版本馆CIP数据核字第2025KM0536号

责任编辑　张国锋
责任校对　李向荣
责任印制　姜义伟　王思文

出 版 者	中国农业科学技术出版社
	北京市中关村南大街12号　邮编：100081
电　　话	（010）82109705（编辑室）　（010）82106624（发行部）
	（010）82109709（读者服务部）
网　　址	https://castp.caas.cn
经 销 者	各地新华书店
印 刷 者	北京虎彩文化传播有限公司
开　　本	170 mm×240 mm　1/16
印　　张	7.5
字　　数	130千字
版　　次	2025年3月第1版　2025年3月第1次印刷
定　　价	98.00元

◆━━ 版权所有·侵权必究 ━━◆

内容简介

本书是我国第一部关于盐湖水生生物资源的图谱著作,系统论述了新疆北部主要盐湖水生生物群落特征,并提供了常见水生生物类群共 202 个分类单元(种或属或科等)的显微图谱或照片,还进行了简要文字描述,希望对我国盐湖水生生物资源的开发利用起到一定的促进作用。

本书可供生物学、盐湖学、地质生态学、极端环境生物学、水产养殖学等相关专业研究生或科研人员参考。

第一著者简介

王智超（1981—），男，汉族，民盟盟员，博士，教授，生物学博士生导师，渔业发展专业学位硕士生导师，兵团英才。新疆动物学会理事，中国动物学会会员，中国地理学会会员，阿拉尔市第五届政协委员，塔里木大学生命科学与技术学院第一届教学督导委员会委员、学术（学位）委员会委员。现任塔里木大学生命科学与技术学院生物科学系副主任，校级一流课程《动物学》课程负责人，获2019年全国生命科学类微课教学比赛三等奖（排名1），新疆维吾尔自治区第十届教学成果奖三等奖（排名6），校教学质量优秀奖二等奖，校第四届实验教学竞赛一等奖，阿拉尔市2022年度优秀政协委员，多次获得校优秀教师（获嘉奖及记功）。主编、副主编教材4部，参编著作多部，专著2部，发表教学论文多篇。

主持在研或完成国家自然科学基金项目2项、省部级项目3项、政府采购服务等其他项目10余项，参与承担各类项目10余项。获第十届母亲河奖绿色团队奖等各类科研奖励多项，发表学术论文50余篇，其中，SCI等检索论文10余篇。申请国家发明专利5项，授权2项。

主要研究方向：1. 盐生生物资源多样性及产业应用；2. 全球气候变化与极端生境动物适应性。

《新疆北部主要盐湖水生生物资源及常见水生生物图谱》

著者名单

主　著　王智超　塔里木大学生命科学与技术学院
　　　　宋　勇　塔里木大学生命科学与技术学院

参　著　韩学凯　天津科技大学亚洲区域卤虫参考中心
　　　　刘朋涛　塔里木大学生命科学与技术学院
　　　　李艳慧　塔里木大学生命科学与技术学院
　　　　程　勇　塔里木大学生命科学与技术学院
　　　　刘　静　塔里木大学生命科学与技术学院
　　　　史楠楠　塔里木大学生命科学与技术学院
　　　　刘昌财　塔里木大学生命科学与技术学院
　　　　千英果　塔里木大学生命科学与技术学院
　　　　马　成　塔里木大学生命科学与技术学院

前　言

据相关资料报道，在我国，98%的钾资源、超过80%的锂资源、50%的硼资源、50亿吨的镁资源，以及巨量的石盐、芒硝、天然碱、硝酸盐等矿产资源都赋存在盐湖卤水中，散落在全国各个角落的盐湖可以说是一个个"聚宝盆"，是中国人民的重要财富资源。

2023年5月16日，习近平总书记在山西运城盐湖考察时，对盐湖保护利用作出重要指示——盐湖的生态价值和功能越来越重要，要统筹做好保护利用工作，让盐湖独特的人文历史资源和生态资源一代代传承下去，逐步恢复其生态功能，更好保护其历史文化价值。

盐湖作为矿产宝库，是一种重要的战略资源，同时，盐湖作为地球上存在的水生极端生境，也孕育了独特的水生生物资源。20世纪90年代中国工程院院士郑绵平通过对众多盐湖的考察，大胆提出了"盐湖农业"的概念。他建议利用盐水域和环湖盐沼带发展水产-农牧产业。他的创意吸引了越来越多的生物学家、生物化学家投入盐湖研究的行列。著名科学家钱学森也称赞道："盐湖农业是21世纪的产业。"内蒙古、新疆等西部盐湖地区的一些地方政府都把"盐湖农业"列入了发展计划。

近年来，在习近平总书记的指示下盐碱地和盐碱水资源利用提上日程，众多科研工作者和水产养殖业、生物产业从业者加入开发盐碱水资源的事业中，但目前国内外仍缺乏对盐碱水生生物资源详细了解，也缺乏相关的专业图谱著作，使得盐碱农业的发展存在一定的缺憾。塔里木大学盐湖生物资源利用团队在国家自然科学基金（31760626，32260299）、兵团青年科技创新基金（2013CB016）、兵团英才人才项目（2024）及塔里木大学生物学一流（培育）学科等项目的资助下对新疆北部主要盐湖开展了10余年的调查研究，积累了一定的水生生物图片。作者筛选常见类群共202个分类单元（种或属或科等），其中，浮游植物（藻类）146个分类单元，浮游动物27个分类单元，卤虫1个分类单元，大型无脊椎动物13个分类单元，水生鸟类15个分类单元，撰写了本书，希望可以为盐碱水资源的开发利用起到一定的促进作用。本书的研究区域主要位于新疆北部的盐湖区，新疆北部是重要的盐湖分布区，形成了包括阿尔泰山间盆地盐湖区，准噶尔盆地盐湖区，天山山间盆地盐湖区3个主要的盐湖适生区。本团队选取的盐湖主要是新疆北部面积较大、近10年来未曾干涸且具有一定的开发利用情况的盐湖。

  本书的出版得到了中国农业科学技术出版社及本团队研究生余晓琦、许家玮、夏可心等的极大帮助。尤其在样品采集、图片拍摄、处理及相关数据分析中贡献了重要的智慧，在此一并致谢。由于著者团队水平有限以及当前浮游生物鉴定中存在一定的技术缺陷，相关数据库也缺乏足够的条形码信息，导致图谱可能存在一定的错误或不足，恳请读者斧正（974297190@qq.com）。

著 者

于塔里木河畔

2024年10月

目 录
CONTENTS

1 新疆北部主要盐湖概述 ··· 1

    1.1 盐湖概念、形成和类型 ··· 1

    1.2 新疆北部主要盐湖简介 ··· 2

2 新疆北部主要盐湖水生生物资源 ·· 8

    2.1 盐湖水生生物资源概述 ··· 8

    2.2 盐湖水生生物资源调查方法 ·· 8

    2.3 新疆北部主要盐湖水生生物群落特征及常见物种资源 ············· 9

3 新疆北部主要盐湖常见浮游植物图谱 ································· 43

    3.1 蓝藻门（Cyanophyta） ·· 43

    3.2 绿藻门（Chlorophyta） ··· 50

    3.3 硅藻门（Bacillariophyta） ·· 63

    3.4 褐藻门（Phaeophyta） ·· 79

    3.5 金藻门（Chrysophyta） ··· 81

    3.6 甲藻门（Dinophyceae） ··· 82

    3.7 隐藻门（Cryptophyta） ··· 84

    3.8 黄藻门（Xanthophyta） ··· 84

4 新疆北部主要盐湖常见浮游动物图谱 ································· 86

    4.1 原生动物门（Protozoa） ·· 86

4.2 轮虫动物门（Rotifera）··· 90

4.3 节肢动物门枝角目（Cladocera）·· 94

4.4 节肢动物门桡足亚纲（Copepoda）······································ 95

5 新疆北部主要盐湖卤虫及染色体图谱 ·································· 96

6 新疆北部主要盐湖常见大型无脊椎动物图谱 ························ 98

7 新疆北部主要盐湖常见水鸟图谱 ······································· 103

参考文献·· 109

1 新疆北部主要盐湖概述

1.1 盐湖概念、形成和类型

盐湖通常指盐度大于海水盐度（35g/L）的水体，有学者从盐类资源提取的角度思考，把达到卤水阶段的湖泊定义为盐湖，即湖泊水体盐度等于或大于50g/L的卤水湖，才是盐湖。根据国际湖沼学会1958年的方案，天然水体按含盐量可划分为淡水（fresh waters，＜0.5g/L）、混盐水（mixing-haline waters，0.5～30g/L）、真盐水（euhaline waters，30～40g/L）和超盐水（hyperhaline waters，＞40g/L）（赵文，2010）。尽管不同的学科领域对盐湖概念理解不同，但从生物学角度通常将盐湖理解为海洋生物都无法生存的水体。整个水生生物类群可以分为淡水水生生物、海水水生生物和盐水水生生物，由于盐湖水生生物极度耐受盐碱，因此成为非常特殊的一个群体，也是地球上极端生境生物类群的典型代表之一。

新疆分布有各种大小不一的盐湖和盐沼，是我国内陆盐湖的重要分布区。内陆盐湖多在干旱气候区形成。大多数盐湖出现于干旱半干旱地区，趋向于在蒸发量大于降水量的地区形成内流湖盆。盐湖的前身多半是淡水湖，它们在一定的地理环境和气候条件下，才能逐渐演化成高矿化度的盐湖。内陆的湖泊，由于气候干燥，在水分的自然循环过程中，湖面蒸发量远远大于湖面降水量和流域补给水量，湖水由于强烈蒸发而日益浓缩，水中的含盐量就会越来越高，以致演变成盐湖。这种由内陆淡水湖演变成的盐湖，称为大陆盐湖。我国的盐湖均系大陆盐湖。盐湖形成一般必须具备以下3个条件：①干燥的气候和有利的物理、化学环境；②有一个适宜的闭流或半闭流的湖盆；③有充足的盐类物质的来源。新疆的气候适宜盐湖的形成，并且形成了大小不等的盆地，而新疆盐湖中溶解盐类的来源主要有3个，即流域湖盆内土壤岩石侵蚀、地下泉水和空运盐。岩石侵蚀或风化后随水溶解入湖是封闭湖泊盐类的主要来源，岩石和土壤的起源和性质决定着可用盐类的种类。从岩石和沉积物溶入大量盐类的地下泉水是盐湖盐类的另一重要来源。空运盐可能通过盛行风从海上或其他内陆干盐床和土壤中转运而来（王苏民等，1998）。

盐湖的类型有多种，根据不同的分类依据大致有以下 4 种（郑喜玉等，2002）。

（1）按表面形态的不同划分。按表面形态的不同可分为卤水湖、干盐湖和沙下湖。卤水湖为一年四季都存在着表层卤水的盐湖；干盐湖为经常干涸或仅在潮湿季节才有少量的表层卤水的盐湖；沙下湖是指完全没有表面卤水，盐类沉积被厚薄不等的浮土所埋，晶间卤水面比盐类沉积层的表面要低得多的一类盐湖。

（2）按湖水的主要化学成分划分。按湖水的主要化学成分可分为碳酸盐型、硫酸盐型、氯化物型 3 类。碳酸盐型的盐湖，其水的主要成分是氯化钠、硫酸钠、碳酸氢钠及碳酸钠。硫酸盐型的盐湖，其水的主要化学成分为氯化钠、氯化镁、硫酸钠、硫酸镁、重碳酸钙、重碳酸镁等。氯化物型盐湖，其水的主要化学成分是氯化钠、氯化镁、氧化钙、硫酸钙、重硫酸镁、重碳酸钙等。在干旱的气候条件下，经过漫长的地质时期，碳酸盐型盐湖可逐渐变为硫酸盐型盐湖和氯化物型盐湖。

（3）按湖水来源划分。按湖水来源可分为海成盐湖和内陆盐湖两类。

（4）按工业开采价值划分。按工业开采价值可分为钾湖、硼湖、锂湖、石盐湖、碱湖、钾镁湖等。

1.2　新疆北部主要盐湖简介

新疆北部地区地处欧亚大陆腹地，四面距海洋遥远，周围高山耸立，境内高山、盆地相间，形成极为复杂的地貌和极端干旱少雨的气候；加上干热风多，盐渍化严重，成为典型的干旱半干旱盐湖适生区，形成了包括阿尔泰山间盆地盐湖区、准噶尔盆地盐湖区、天山山间盆地盐湖区 3 个主要的盐湖适生区（任慕莲等，1996）。阿尔泰山间盆地盐湖区形成众多的小盐湖，包括阿拉哈克盐湖（苟苟苏盐湖）、白盐池、绿盐池等，其中代表性盐湖为阿拉哈克盐湖。天山山间盆地盐湖区包括巴里坤盐湖、达坂城盐湖、托勒库勒盐湖（伊吾盐湖、幻彩湖）、七角井盐湖、艾丁湖等，代表性盐湖为巴里坤盐湖。

准噶尔盆地盐湖区主要包括艾比湖盐湖、乌尔禾盐湖（艾力克湖）、玛纳斯盐湖等，代表性盐湖为艾比湖盐湖。

1.2.1 阿拉哈克盐湖

（1）地理位置

阿拉哈克盐湖（又名苟苟苏盐湖、阿拉尕克盐湖等），位于阿勒泰地区阿勒泰市阿拉哈克镇境内。地理坐标：N47°40′～47°42′，E87°30′～87°34′。

（2）地质及气候概况

湖盆为新生代山间构造断陷盆地中的次盆地，南缘为冲积砂砾石、粉细砂、黏土组成的湖成阶地；北缘为冲积、湖积平原，砂砾石、粉细砂分布广泛。盆内被粉砂黏土和盐类化学沉积覆盖，为浅盆浅水成盐盆地。

湖区地处高纬度，大陆性温带干旱气候明显。年均气温4.9℃，1月气温最低，月平均-15.7℃，极端最低气温-42.5℃；7月气温最高，月平均22℃，极端最高气温39.5℃。平均年降水量178.2mm，年蒸发量2449.1mm。光能丰富，年日照2983.3h，有利于成盐作用。

（3）卤水及盐类资源

湖盆呈西北-东南走向，汇水面积为200km^2，附近无常年性地表河流，季节性冲沟发育，源自阿尔泰山的季节性洪水潜入冲积层，于湖盆边缘溢出形成沼泽补给盐湖。湖区面积12.0km^2。湖水主要依赖湖面降水和地下泉水

图1-1 阿拉哈克盐湖北岸草地沼泽景观

图1-2 阿拉哈克盐湖南岸沙砾岸景观

补给。湖面海拔485.00m，长4.5km，最大宽3.0km，平均宽2.67km，湖表卤水密度1.133g/cm³，湖表水深0.01～0.05m，pH值8.0，矿化度91.97g/L，属硫酸镁亚型盐湖，湖水面积约4.5km²。

盐类矿床主要是石盐，分布于湖区南部和中部，盐层厚0.2～0.4m，为八色粒状新盐沉积，氯化钠含量80%，面积8.0km²。

早期湖区南岸建有新疆生产建设兵团农十师盐场，北岸有阿勒泰盐场，开采湖表粒状石盐层，年生产原盐约1万t。近年来已取消采盐，仅有4户牧民居住在南岸。

1.2.2 巴里坤盐湖

（1）地理位置

巴里坤盐湖，地处新疆维吾尔自治区哈密市巴里坤哈萨克自治县，位于东天山北麓，巴里坤盆地西端，四面环山。地理坐标：N43°36′～43°44′，E92°44′～92°51′。

（2）地质及气候概况

湖盆为中—新生代山间构造断陷盆地，受天山北缘大断裂控制，基底为古生代和中生代岩系，边缘新生代第三纪红色砂、泥岩和第四纪洪积、冲积和湖积粉细砂、粉砂黏土等碎屑岩沉积分布广泛；盆内为近代粉细砂、粉砂黏土和盐类化学沉积覆盖。

湖盆地处天山北坡，年平均气温1.1℃，气温年较差35.5℃，年降水量210mm，年蒸发量2000～2500mm；全年有150d降雪，最大降雪深度24cm；冬季寒冷，夏季温凉。属于中温带大陆性干旱半干旱气候。

（3）卤水及盐类资源

盆地流域面积4500km²，常年性河流发源于天山北坡，例如大河自东而西，流经巴里坤草原，最后归宿于盐湖盆地。另外，还有许多源自天山和北山的小溪，出山后转入冲积扇或冲积平原，以潜水方式注入湖盆。

该湖卤水有湖表卤水和晶间卤水，以湖表卤水为主。湖水面积116km²，湖面海拔1585m，卤水深度0.5～0.7m，相对密度1.172，pH值7.64，矿化度204.76g/L；晶间卤水赋存于芒硝层中，含水层厚2.0m，卤水相对密度1.1740，pH值7.50，矿化度246.55g/L。硫酸盐型硫酸镁亚型。

固体盐类资源有石盐、芒硝和镁盐，以芒硝为主。芒硝分表层硝和底层硝。

巴里坤湖的形成是地质构造活动的结果，早期的巴里坤湖为淡水湖，后随着气候变化和地质构造运动不断收缩，湖泊大幅缩减，湖水逐步咸化。全新世末期，盐湖北部隆起，南部大幅度下降，巴里坤湖开始演变为南低北高的湖盆，加上巴里坤湖湖水补给很大一部分来自南部东天山融雪水，因此北湖逐年干旱，湖水逐渐消亡。而盐湖南部演化至如今的盐湖。1995年为开发芒硝产业，在湖中间修建大坝，使得湖泊分为东湖和西湖两个片区，东湖为卤水区，西湖为芒硝开采区。巴里坤湖现平均海拔1585m，气温1月最低，7月最高，湖水主要受四周小河流汇入、降水量、地表径流和周围灌区地下水的补给影响，而蒸发量是湖泊唯一的出口，年降水量210mm，年蒸发量1620mm，平均水深0.5m，是典型的内陆封闭高原湖泊。

由于独特的地理位置及环境气候，巴里坤湖绝大部分湖底被盐层覆盖，湖内矿产资源十分丰富，主要包括卤水资源和固体沉积盐类资源。卤水资源包括湖表卤水和卤虫资源，卤虫无节幼体常被用作仔鱼、稚鱼的良好活体开口饵料；固体沉积盐类资源主要是芒硝，巴里坤湖芒硝纯度高，质量好，储量丰富，利用芒硝生产硫化碱是巴里坤哈萨克自治县工业经济的命脉。

作为巴里坤哈萨克自治县的生态湖泊，巴里坤湖的存在对巴里坤盆地及哈密地区的生态环境有重要的影响。据报道，巴里坤湖正在遭受着严重的生态问题，入湖水量严重不足，表现为湖泊萎缩、水质恶化、湖泊湿地生态环境严重恶化等问题。据记载，巴里坤湖古时面积达800多km^2，至20世纪40年代水域面积缩小为140km^2，近几十年来湖泊面积仍呈减少趋势，自1991年至2020年，湖泊面积由97.47km^2萎缩至46.59km^2，尽管湖水变化受人类用水活动的影响较大，但气候变化对湖水的影响也不容小觑。湖水萎缩已经对湖周围的生态环境造成不利的影响，湖区小气候变干燥，周围草场沙化越来越严重，甚至出现季节性部分湖面干涸。湖面缩小及水质恶化已经成为新疆哈密地区较突出的环境问题。

图1-3 巴里坤盐湖东西湖交界景观

图1-4 巴里坤盐湖东湖景观

1.2.3 托勒库勒盐湖（伊吾盐湖、幻彩湖）

（1）地理位置

托勒库勒盐湖，又名伊吾盐池、幻彩湖，位于伊吾县盐池乡政府以北 2km 处，地理坐标：N43°18′～43°23′，E94°06′～94°20′，属典型的内陆蒸发湖，现有湖面不足 30km²，湖面海拔 1896m。维吾尔族人称其为"吐尔库勒"，意为静谧的湖。

（2）地质及气候概况

湖盆为中-新生代山间构造断陷盆地，在构造上属于伊吾-下马崖山间凹陷，南北受哈尔雷克山与默钦乌拉山夹持，北部及西北部有石炭纪、侏罗纪砂岩、泥岩和灰岩出露，南部有志留纪砂岩、钙质泥岩分布；盆内有第三纪红色砂岩、泥岩和第四纪冲积、湖积砂泥岩、粉砂黏土岩及盐类化学沉积覆盖。

湖区气候干旱寒冷，年平均气温 0℃，年降水量 200mm，常刮东北风，冬季寒冷，夏季温凉，为多风少降水的大陆性干旱气候。

（3）卤水及盐类资源

该湖盆为封闭内流盆地，汇水面积约 1000km²，但附近无常年性地表河流，季节性冲沟发育，地下水丰富，湖边有泉水溢出，尤其是盐湖北岸和东岸泉水溢出带，形成沼泽小溪补给湖盆。该湖卤水分湖表卤水、晶间卤水和淤泥卤水，以湖表卤水为主。湖表卤水矿化度 269.91g/L，相对密度 1.186，pH 值 7.43，盐湖水化学类型为硫酸盐型硫酸镁亚型。

盐类沉积资源有芒硝和石盐，以芒硝为主。芒硝矿分东、西两个矿区。

图 1-5 托勒库勒盐湖南岸草原沼泽和泉水景观

图 1-6 托勒库勒盐湖湖边人工栈道景观

1.2.4 艾比湖盐湖

(1) 地理位置

艾比湖,又名库尔湖。位于博尔塔拉蒙古自治州精河县境内,地理坐标:N44°05′~45°08′,E82°35′~83°16′。艾比湖面积1443.7km²,湖水面积562.2km²,湖面海拔189m。

(2) 地质及气候概况

湖盆为中—新生代构造断陷盆地,受天山北麓和费尔干纳断裂控制而强烈下沉,成为准噶尔古陆块西南缘最低洼的沉降凹陷。基底为古生代变质岩系,边缘零星出露第三纪砂泥岩和含膏岩系;盆内为冲积、风积和湖积砂砾石、粉砂黏土和盐类化学沉积覆盖。

湖盆在天山与阿拉山口之间,气候温暖干旱,年平均气温7.7℃,最高气温42.23℃,最低气温-36.41℃,年降水量105.17mm,年蒸发量2221.3mm,年日照时数2699.87h,常刮西北风,全年有一半时间刮风,平均风力3~4级,最大11~12级。尤其是来自阿拉山口的大风,对湖盆影响最为明显。

(3) 卤水及盐类资源

湖盆三面(北、西、南)环山,东西为奎屯河下游冲积平原,是准噶尔盆地最低洼的湖盆,为地表水和地下水汇集中心。汇水面积约29800km²。有河流23条。其中,精河、博尔塔拉河(含大河沿子河和四棵树河等支流)直接流入湖内,其余河流以潜流方式流入湖盆。

该湖卤水分湖表卤水和晶间卤水,以湖表卤水为主。湖表卤水面积562.5km²,相对密度1.079,pH值8.09,矿化度112.4g/L,盐湖水化学类型为硫酸盐型硫酸钠亚型。

该湖盐类矿物有石盐、芒硝、无水芒硝、白钠镁矾、泻利盐、水氯镁石、石膏等,以石盐、芒硝为主要盐类矿物。

图1-7 艾比湖南岸表层盐盖景观

图1-8 艾比湖南岸景观

2 新疆北部主要盐湖水生生物资源

2.1 盐湖水生生物资源概述

与淡水生态系统、海水生态系统相比，盐湖生态系统因其极端的环境因子使其成为一种独特的地球极端生态系统。也形成了独特的水生生物资源（Hammer，1986）。生活在盐湖中彼此相互作用的各种生物种群的集合体，称为盐湖生物群落（资源）。盐湖生物群落主要包括嗜盐微生物资源、耐盐浮游植物（藻类）资源、浮游动物资源、大型无脊椎动物资源及水鸟资源。内陆盐湖中，水体的盐度成为限制水生生物生存、生长和繁殖的主要生态因子。

2.2 盐湖水生生物资源调查方法

盐湖生态系统因其水体盐度普遍较高且水深一般较浅，与淡水生态系统和海水生态系统水生生物资源调查有着明显不同，但是当前没有盐湖水生生物资源调查相关规范，项目团队在进行调查时参照《淡水浮游生物调查技术规范》（SC/T 9402—2010）、《湖泊生态调查观测与分析》（黄祥飞，2000）进行，在沿岸依据各湖泊形态、生物分布特性和采样操作的便利程度设置5个或6个采样点（以盐湖中心便利点为第1个取样点，分别向四周淡水流入口、浅水区、深水区等设定其他4～5个取样点）。

2.2.1 盐湖浮游生物资源调查方法

浮游植物定性样品用25#浮游生物网、浮游动物定性样品用13#浮游生物网采集。定量样品用有机玻璃采水器采样1L，卢戈氏液固定，固定液用量为淡水湖泊的4～5倍；静止沉淀48h后，浓缩至50mL加入4%甲醛溶液保存。采用0.1mL计数框，在CX21型Olympus显微镜下观察样品中的浮游生物，参考分类学专著对浮游动植物种类进行鉴定（Hammer，1986；Bell et al.，1999；Saros et al.，2000；胡鸿钧等，2006；翁建中，2010；Echaniz et al.，2011；Vignatti et al.，2012；赵文等，2015；Vidakovićet al.，2019；谢树莲等，2019；周凤霞等，2020；Polykarpou et al.，2023）。如果某些盐湖水体盐度高或卤虫等生物密度较高时，可能会堵塞浮游生物网底部的不锈钢樽，导致采样无法完成，可以用水桶等容器采水，之后用筛网过滤卤虫，将过滤后的水体在水桶中静置使盐类结晶沉淀，取上层水体20L，使用浮游生物网过滤获得浮游动物和浮游植物的样品。

2.2.2 盐湖大型无脊椎动物资源调查方法

通常水体中大型底栖动物主要包括多毛类、寡毛类、水生昆虫、软体类、甲壳类等，但在盐湖区主要包括水生昆虫等，相对数量较少，采用 D 形网和采泥器法相结合的方式采集（Ciocco et al.，2008）。D 形网采集的样品和采泥器采集的底泥使用 40 目筛网筛洗后放入白瓷盘进行底栖动物的挑选和分离。样品采集后，完成样品中底栖动物的鉴定（Hammer，1986；刘源野，2013；周凤霞等，2020）记录和统计。

2.2.3 盐湖鸟类资源调查方法

鸟类资源调查的主要目的是掌握区域内鸟类的种类组成、分布和种群动态，根据研究区的特点，为了更加高效率、低成本、全面地调查到鸟类的种类和数量，盐湖鸟类调查采取资料查阅和现场拍照与统计相结合的方式进行种群动态观察（Romano et al.，2005）。观测使用 12 倍的双筒望远镜和长焦相机，通过野外手册和鸟类图鉴等工具书（赵欣如，2018），进行野外记录，使用 GPS 进行定位，照相机拍照统计数量，观测对象的生态学特征。

2.3 新疆北部主要盐湖水生生物群落特征及常见物种资源

2.3.1 盐湖水生生物群落特征

据史楠楠（2022）、史楠楠等（2023）、刘静（2024）等调查结果表明，新疆北部盐湖水体中的浮游植物以硅藻门、绿藻门、蓝藻门和裸藻门的种类占优势，另外也包含金藻门、甲藻门和黄藻门的一些类群。

新疆北部盐湖水体中的浮游动物主要以原生动物、轮虫、枝角类、桡足类和无甲类为主，其中优势物种为卤虫、褶皱臂尾轮虫等。

新疆北部盐湖水体中的大型无脊椎动物主要类群包括水生昆虫、蛛形纲、线虫动物，其中优势物种为双翅目水生昆虫。

新疆北部盐湖水体中的水鸟则多为候鸟，主要栖息于较大型的湖泊沿岸带及湖中。其中优势类群为涉禽类。

盐湖水生生物群落中浮游生物具有重要的生态价值，是水体中优势类群，为了更好地了解盐湖浮游生物群落特征，项目团队通过对巴里坤和阿拉哈克盐湖基于传统形态学和高通量测序探讨盐湖浮游生物群落特征。

形态学鉴定方法

用于形态学鉴定的样品在实验室使用 Nikon 光学显微镜（CX31RTSF）和 Nikon 三目体式显微镜（SMZ745T）观察浮游生物的形态结构，参考浮游生物分类学相关专著进行浮游生物形态学鉴定。定性、定量分析样品参考水生生物学定性、定量分析相关方法进行并略有改动，具体方法如下：

定性分析时分别取各点定性样品的上层、中层和下层 0.1 mL 置于载玻片上进行鉴定，每个样品的不同位置各吸取 5～10 次，置于显微镜下拍照鉴别至属水平，优势种鉴定到种。定量分析在计数前混匀样品，快速吸取 0.1 mL 样品于 0.1 mL 平板计数框内，大型浮游动物的定量分析吸取 1 mL 的样品于 1 mL 浮游生物计数框内在显微镜下计数，每个样品平行计数 3 次以上，保证每次结果与平均值相差在 15% 内为止。

（1）高通量测序鉴定方法

① 样品的采集与处理

于 8 月（夏季）对湖泊样品进行采集，对每个湖泊采样点的表层、中层和底层水体进行采样，每个采样点得到混合水样 1.5 L，每个湖泊得到混合水样 6 L。水样置于一次性采水袋中带回宾馆当晚使用便携式水样抽滤器抽滤，一次性玻璃纤维滤纸孔径为 0.22 μm。抽滤完成后将滤纸置于 10 mL 的离心管中加入无水乙醇，低温带回实验室放入 –80 ℃ 的冰箱中保存。

② 总 DNA 的提取及 PCR 扩增

将保存于 0.22 μm 孔径滤膜上的高通量测序样品，采用 DNeasy PowerSoil 试剂盒（QIAGEN，Inc，荷兰）提取样品中的总 DNA，利用通用引物对样本 16S-V3V4 区和 18S-V4 区序列进行扩增，引物选择见表 2-1。PCR 扩增体系为 25 μL：5 μL 5×Q5 反应 buffer，5 μL 5×Q5 高保真 GC buffer，0.25 μL（5 U/μL）Q5 高保真 DNA 聚合酶，2 μL dNTPs（2.5 mmol/L），上下游引物

（10 μmol/L）各 1 μL，2 μL DNA 模板，加双蒸水补足至 25 μL。扩增循环程序为：98℃预变性 2 min；98℃变性 15 s，55℃退火 30 s，72℃延伸 30 s，25 个循环；最后 72℃延伸 5 min。PCR 产物用 Agencourt AMPure XP 核酸纯化试剂盒纯化（Beckman Coulter, Indianapolis, IN），并使用双链 DNA 定量检测试剂盒（Invitrogen, Carlsbad, CA, USA）进行定量。扩增产物送至上海派森诺生物科技股份有限公司进行双末端测序。

表 2-1　两对通用引物序列

引物对		序列 5'-3'	针对区域
16S	338F	ACTCCTACGGGAGGCAGCA	V3V4 区
	806R	GGACTACHVGGGTWTCTAAT	
18S	547F	CCAGCASCYGCGGTAATTCC	V4 区
	V4R	ACTTTCGTTCTTGATYRA	

（2）数据处理

序列处理：测序得到的原始数据使用 QIIME2 软件进行处理，切除序列的引物片段，弃去未匹配引物的序列；然后通过 DADA2（100% 的相似度）进行质控、去噪、拼接、去嵌合体等步骤，质控后产生去重序列（ASVs）。

物种注释：序列处理后获得的高质量序列按照 97% 的相似性进行聚类，其中，16S rRNA 测序获得的序列与 Sliva 数据库进行比对；18S rRNA 测序获得的序列与数据库 NT（Nucleotide Database）进行比对。

群落多样性分析

优势度计算方法如下：

$$y = \frac{ni}{N} \cdot ft$$

式中，ft 为该物种在所有地点中出现的频率，优势度 $y > 0.02$ 的为优势种。

浮游生物多样性分析采用 Shannon-Wiener 指数（H'）、Pielous 均匀度指数（J'）计算，其计算方式为：

$$\text{Shannon-Wiener 指数}：H' = -\sum_{i=1}^{x} Pi \log_2 Pi \qquad Pi = \frac{ni}{N}$$

$$\text{Pielous 均匀度指数}：J' = \frac{H'}{\log_2 S}$$

式中，ni 为采集样本中第 i 种浮游生物的数量，N 为样本内所有浮游生物物种的数量，S 为样本内群落种数。

2.3.1.1 基于传统形态学技术的巴里坤盐湖浮游生物群落特征

（1）巴里坤盐湖浮游生物组成

巴里坤盐湖浮游植物有 7 门 62 属，其中，硅藻门 24 属（38.7%），绿藻门 16 属（25.8%），蓝藻门 11 属（17.7%），裸藻门 4 属（6.5%），金藻门 3 属（4.8%），甲藻门 3 属（4.8%），黄藻门 1 属（1.6%）。浮游动物有 3 门 30 属 40 种，其中，轮虫 21 种（52.5%），原生动物 13 种（32.5%），枝角类和桡足类各 3 种（7.5%）。

浮游植物中针杆藻、舟形藻、桥弯藻、小环藻和颤藻检出率最高，达 90.9%，浮游动物中螺形龟甲轮虫检出率最高，达 63.6%。

（2）巴里坤盐湖浮游生物密度和生物量

3 次采样浮游植物平均密度为（$9.34 \times 10^4 \pm 12.63 \times 10^4$）ind./L，平均生物量为（$1.97 \pm 4.38$）mg/L。平水期浮游植物的密度和生物量大于丰水期，但差异不显著（$P > 0.05$）。浮游动物平均密度为（147.27 ± 132.91）ind./L，平均生物量为（0.50 ± 1.46）mg/L，丰水期密度最小（78.50 ind./L），生物量最大（1.24mg/L）。各门密度和生物量柱形累积图见图 2-1。由图 2-1 可知，绿藻门、蓝藻门、桡足类和枝角类的密度和生物量变化不一致，这是由于绿藻门个体平均湿重较小，而蓝藻门、桡足类和枝角类个体平均湿重较大。

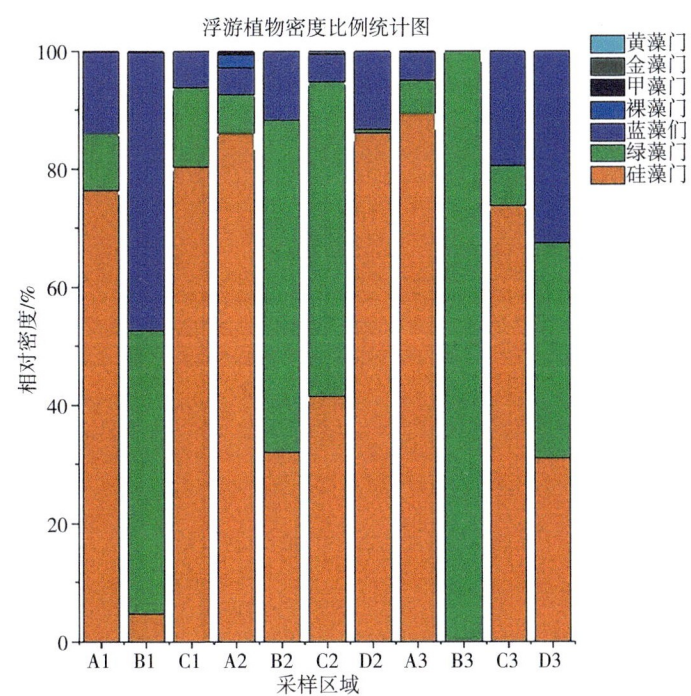

❷ 新疆北部主要盐湖水生生物资源

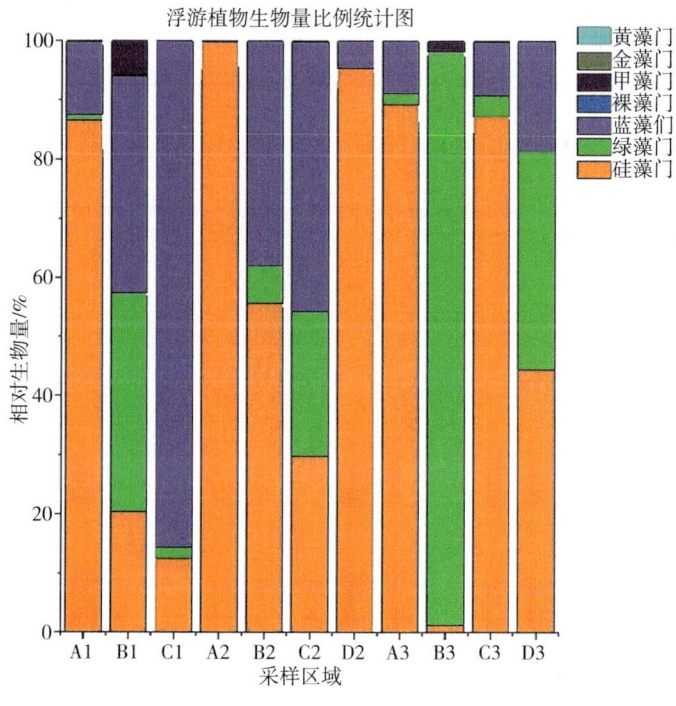

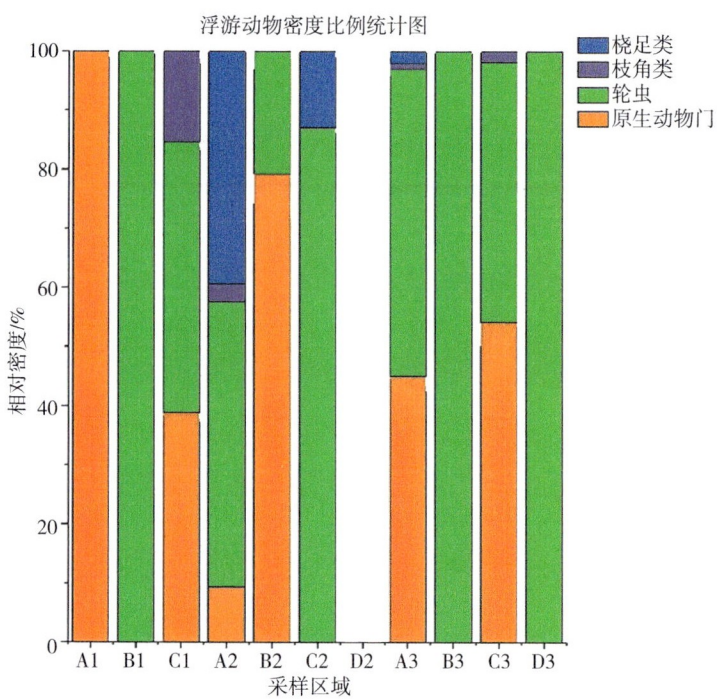

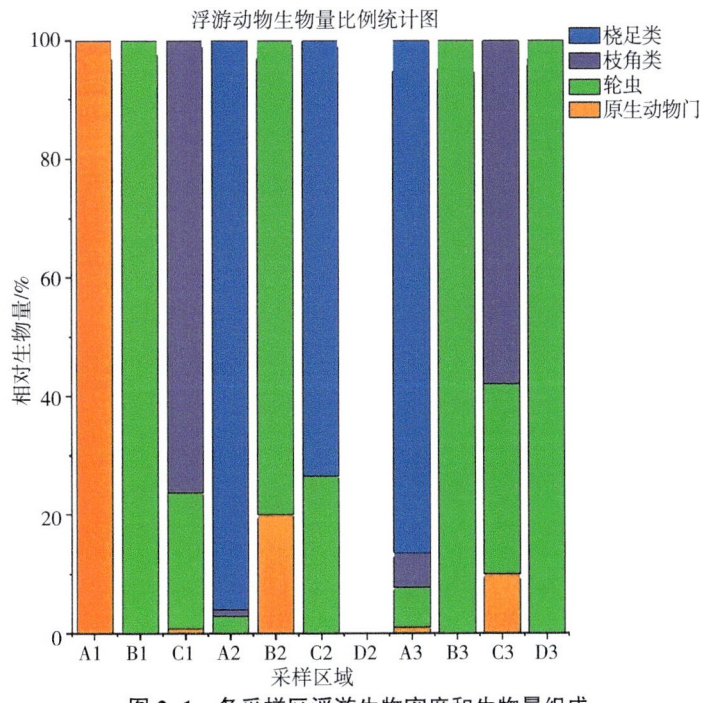

图 2-1 各采样区浮游生物密度和生物量组成

（3）巴里坤盐湖浮游生物常见种和优势种

巴里坤盐湖不同采样期的常见种和优势种有一定程度的交错和变化。浮游植物全年优势种 7 种，均为硅藻门、绿藻门和蓝藻门，浮游动物全年优势种 2 种，分别来自原生动物门和轮虫（卤虫除外）。全年优势度（y）变化范围：浮游植物为 0.000 000 2～0.41，舟形藻（*Navicula reichardtiana*）优势度最高，浮游动物为 0.000 2～0.15，螺形龟甲轮虫（*Keratella cochlearis*）优势度最高。巴里坤盐湖全年常见种 9 种，均为硅藻门、绿藻门和蓝藻门，平水期 10 月和丰水期 8 月常见种中各含一例浮游动物，分别为表壳虫（*Arcella* sp.）（fi=0.667）和螺形龟甲轮虫（fi=1.000）。

（4）多样性分析

各采样区的浮游植物多样性指数分别为 H'：0.822～3.509，J'：0.238～0.719，D：0.511～2.542，三者平均值分别为 2.177、0.506 和 1.411；浮游动物多样性指数分别为 H'：0～2.919，J'：0.661～1.000，D：0～2.243，三者平均值分别为 0.130、0.120 和 0.075。物种多样性指数 H' 和丰富度指数 D 各采样区域间变化较大，均匀度指数 J' 差异不大，表明该湖泊各采样区域浮游生物组成存在差异。

2.3.1.2 基于扩增子测序技术和传统形态学的巴里坤盐湖浮游生物群落特征比较

(1) 浮游生物群落组成

基于形态学的鉴定，蓝藻门（Cyanophyta）共鉴定到4目5科9属，真核浮游生物共鉴定到8门26目57属。基于16S测序保留所有注释到蓝藻门的序列，经处理后共获得173条ASVs序列。通过分类学注释到10目17科36属28种，其中，41（59.42%）个分类单元无法注释到种水平，7（15.22%）个分类单元无法注释到属的分类学水平；基于18S测序保留所有注释到浮游藻类和浮游动物的序列，种分类水平上共获得363条ASVs序列，通过分类学注释到8门21目22属8种，其中，40（83.33%）个分类单元无法注释到种的分类学水平，22（50.00%）个分类单元无法注释到属的分类学水平。两种方法鉴定的浮游生物群落组成在属水平上的结果如图2-2所示，其中，蓝藻门共有鉴定包括螺旋藻属（*Spirulina*）、颤藻属（*Oscillatoria*）、念珠藻属（*Nostoc*）、平裂藻属（*Merismopedia*）、微囊藻属（*Microcystis*）、聚球藻属（*Synechococcus*），在真核浮游生物上共有鉴定5门8属，主要包括浮游植物（Phytoplankton）中的绿藻门（Chlorophyta）的杜氏藻属（*Dunaliella*）、小球藻属（*Chlorella*）、衣藻属（*Chlamydomonas*）；硅藻门（Bacillariophyta）的菱形藻属（*Nitzschia*）、舟形藻属（*Navicula*）；甲藻门（Pyrrophyta）的多甲藻属（*Peridinium*），以及浮游动物（Zooplankton）的卤虫属（*Artemia*）和龟甲轮虫属（*Keratella*）。

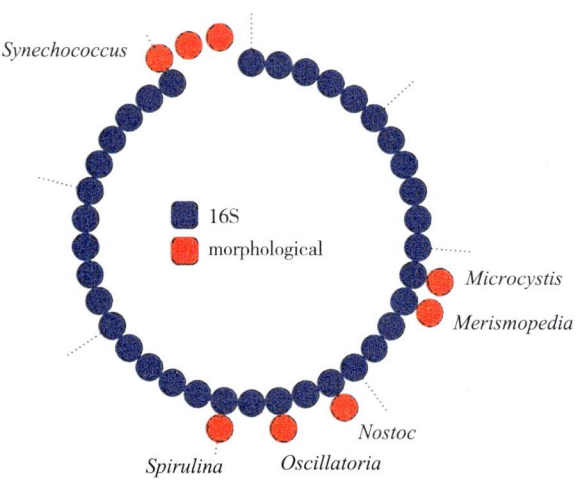

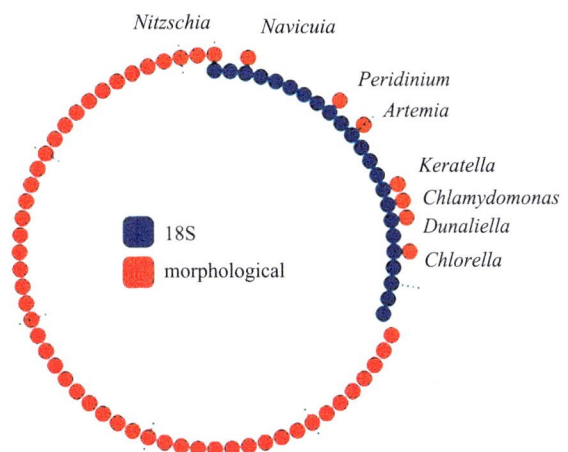

图 2-2 高通量测序和形态学鉴定的物种组成（属水平）

（2）浮游生物群落相对丰度

群落柱形图可以直观地展示每个采样区物种的占比及各采样区的物种分布均匀程度，而聚类热图可以呈现各采样区间物种相对丰度的大小，并根据相对丰度对样本进行聚类分析。图 2-3 所示为基于 16S 测序的蓝藻门相对丰度柱状图和相对丰度热图。由柱形图可知，属水平蓝藻门 A 区相对丰度最高为双色藻属（*Cyanobium* sp.），颤藻属次之，眉藻属（*Calothrix* sp.）和双囊藻属（*Geminocystis* sp.）并列第三；B 区 *Chloroplast* 比例最高，约占 97%；C 区盖丝藻属（*Geitlerinema* sp.）相对丰度最高，颤藻属次之；D 区颤藻属和鞘丝藻属（*Lyngbya* sp.）相对丰度位列前二。总体来看，A 区和 C 区蓝藻门物种分布较为均匀。由各采样区热图聚类结果可以看出，A 区和 B 区蓝藻门物种相对丰度相似度最高，而 D 区与其他各区域物种丰度相似度最低。

由图 2-4 可知，基于 18S 的高通量测序中，A 区相对丰度最高为多甲藻属，其次为麦可属（*Mychonastes* sp.）和小球藻属；B 区杜氏藻属相对丰度最高，其次为蚜茧蜂属（*Aphidius* sp.）和多甲藻属；C 区前三分别是多甲藻属、舟形藻属和蓝环虫属（*Nassula* sp.）；D 区前三为菱形藻属、小蜉属（*Ephemerella* sp.）和多甲藻属。四个采样区多甲藻属均位于前三，总体来看，B 区和 D 区真核浮游生物物种均匀度较高。聚类热图显示，A 区和 D 区物种相对丰度相似度最高，而 D 区与其他两个区域相似度最低。

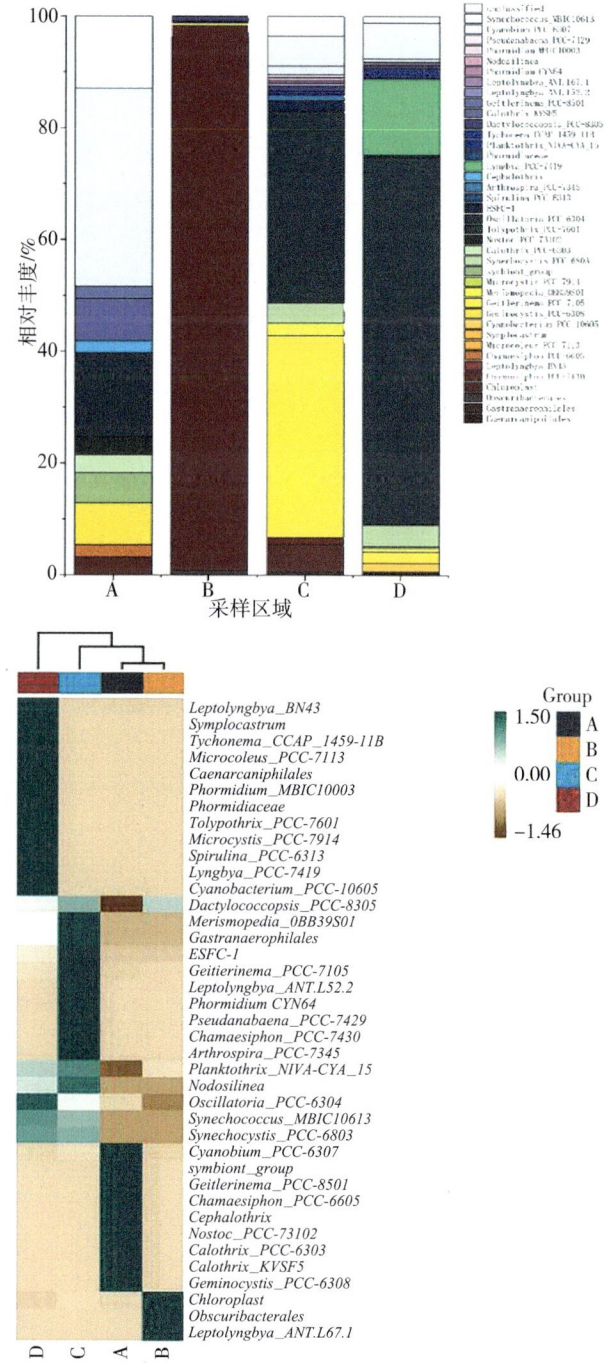

图 2-3 基于16S测序的各采样区蓝藻门相对丰度（属水平）

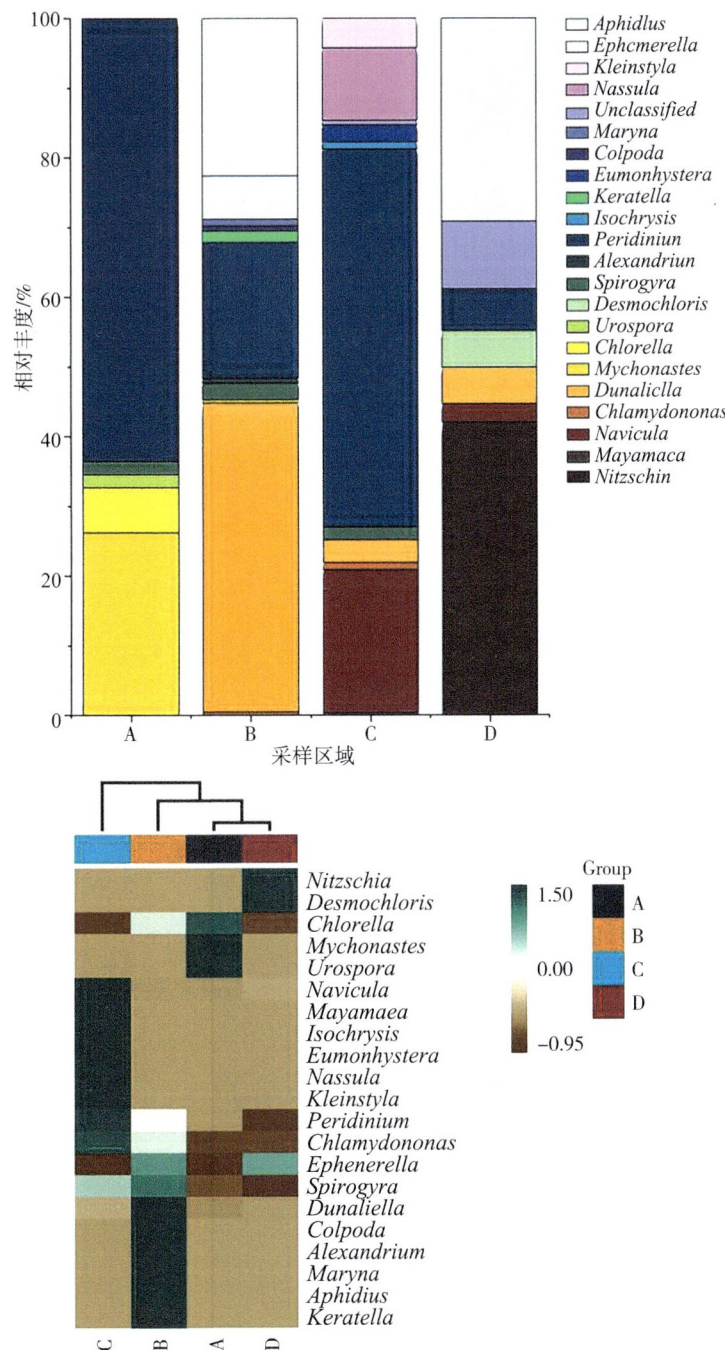

图 2-4 基于 18S 测序的各采样区真核生物相对丰度（属水平）

由图 2-5 可知，蓝藻门的形态学鉴定 A 区相对密度以螺旋藻属最高，微囊藻属次之；B区未采到蓝藻门生物；C区颤藻属占比最大，约占99.29%；D区以颤藻属和螺旋藻属占比最大，共占95.26%。总体来看，A区物种均匀度较高，而C区和D区物种分布较为单一。聚类热图显示，基于形态学鉴定的蓝藻门中，C区和D区物种密度组成相似度高，而A区与其他区域相似度低。

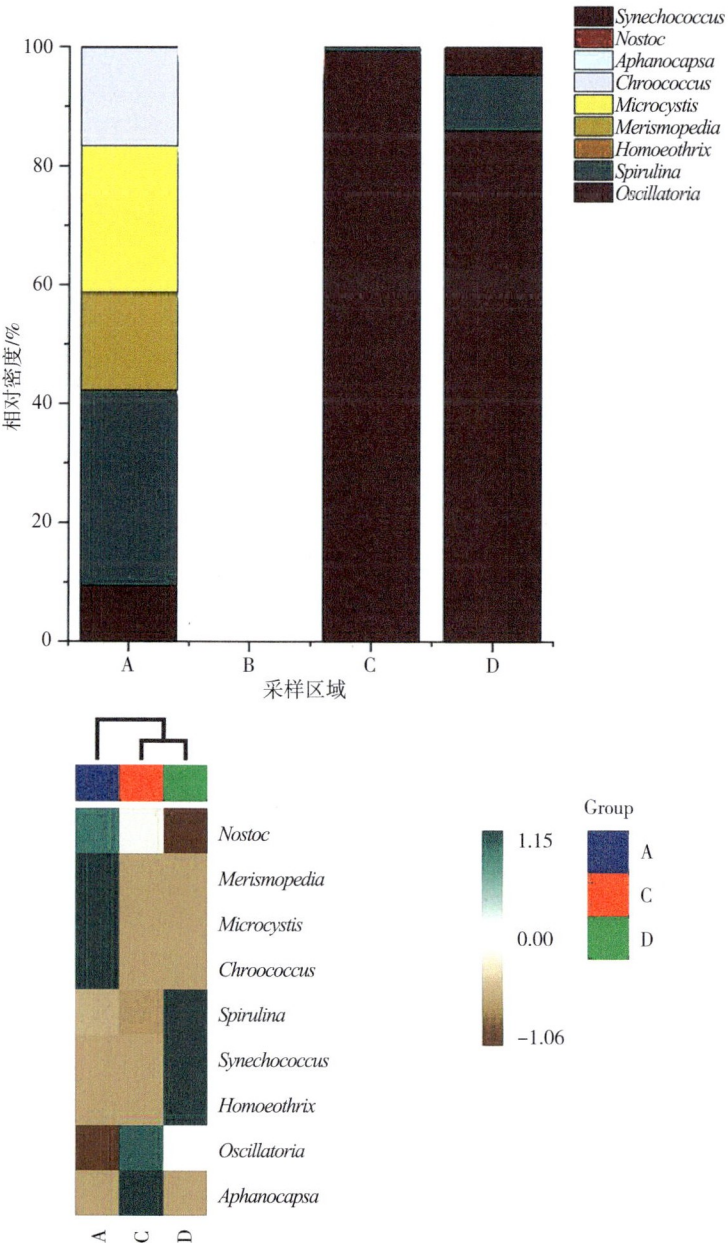

图2-5 基于形态学鉴定的各采样区蓝藻门相对密度

由图2-6可知，真核浮游生物的形态学鉴定结果中，A区以舟形藻属密度最高，约占该区总密度的59.87%；B区杜氏藻属、衣藻属和小球藻属密度均较高，共占99.44%；C区舟形藻属密度最高，直链藻属（Melosira）和杜氏藻属次之，共约占95.81%；D区密度前3依次是杜氏藻属、舟形藻属和小环藻属（Cyclotella），总占比为91.97%。总体来看，A区物种分布最为均匀，其他三个区域均形成了密度占比较高的优势种。聚类热图表明，B区和D区密度组成上相似度最高，而A区与其他三个区域的相似度最低。

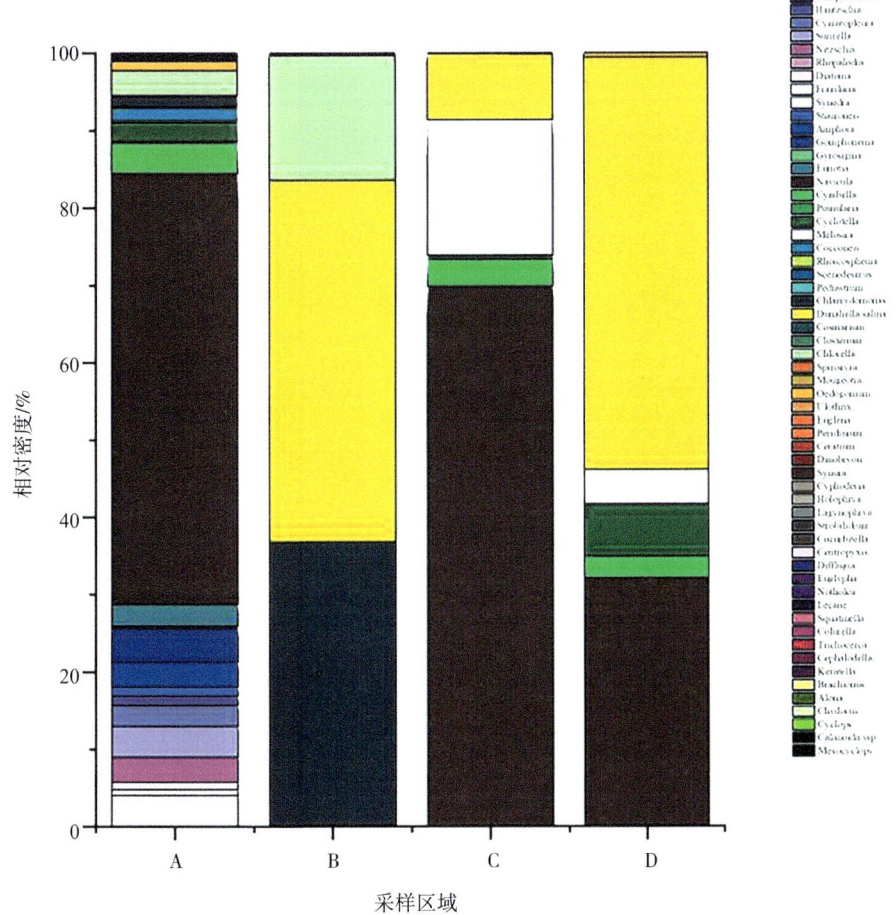

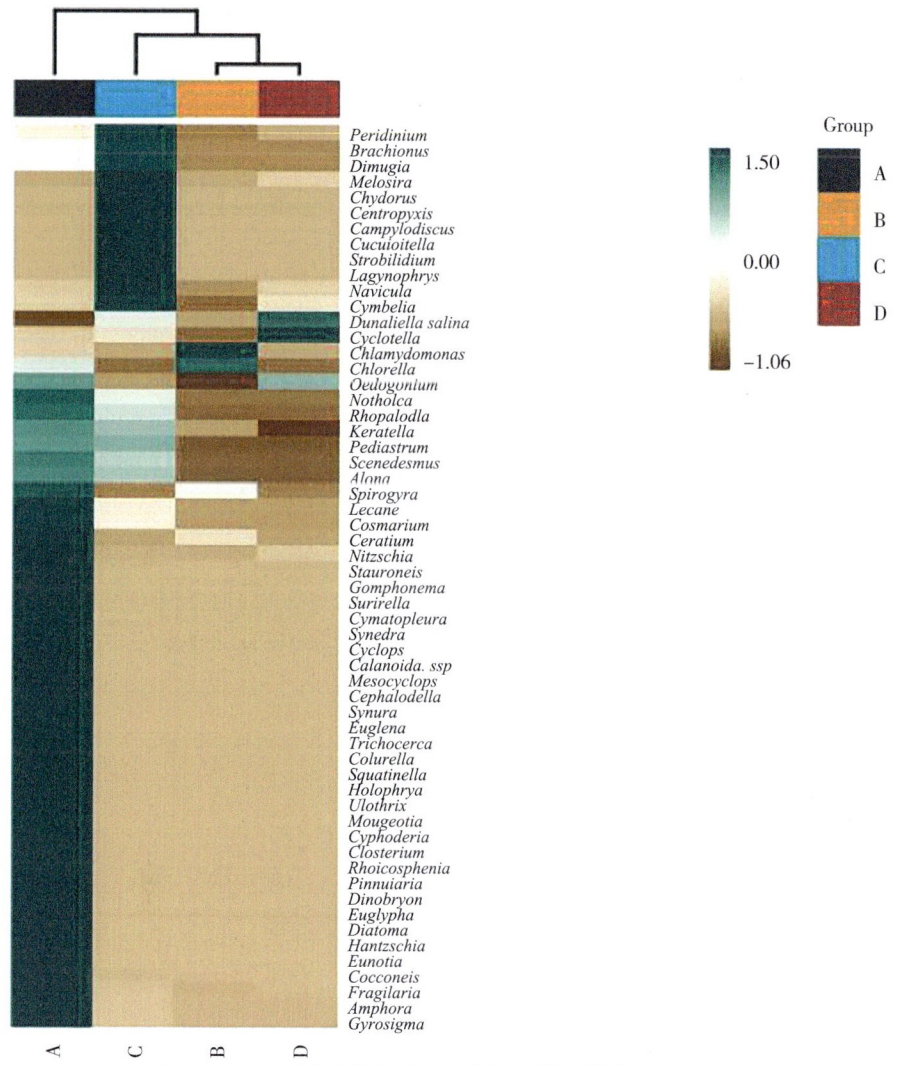

图 2-6 基于形态学鉴定的各采样区真核浮游生物相对密度

（3）浮游生物群落物种多样性指数分析

如表 2-2 所示，基于高通量测序的蓝藻门 H' 和 J' 的变化范围分别为 Shannon-Wiener 指数 0.57～3.18，J'：0.16～0.83，各项多样性指数均以 A 区最高，B 区最低；浮游真核生物的多样性指数分别为 H'：3.11～3.31，J'：0.70～0.82，H' 以 B 区最高 A 区最低，J' 以 A 区最高，C 区最低。形态鉴定中蓝藻门多样性指数分别为 H'：0.06～2.22，J'：0.02～0.86，B 区未鉴定到蓝藻门物种，各项多样性指数均以 A 区最高，C 区最低；真核浮游生物的多样性指数变化范围分别为 H'：1.34～2.95，J'：0.27～0.52，各项多样性指数以 A 区最高，C 区最低。浮游生物高通量测序多样性指数均高于形态学鉴定，表明高通量测序鉴定的物种多样性较高，且物种分布更为均匀。

表 2-2 浮游生物物种多样性指数

鉴定方法	类别	H'				J'			
		A	B	C	D	A	B	C	D
高通量测序	蓝藻门 Cyanophyta	3.18	0.57	3.06	2.73	0.83	0.16	0.64	0.51
	真核浮游生物 Eukaryotes	3.11	3.31	3.22	3.26	0.82	0.78	0.70	0.78
形态学鉴定	蓝藻门 Cyanophyta	2.22	—	0.06	0.72	0.86	—	0.02	0.31
	真核浮游生物 Eukaryotes	2.95	1.53	1.34	1.68	0.52	0.44	0.27	0.45

注：—表示未取得数据。

2.3.1.3 基于传统形态学技术的阿拉哈克盐湖浮游生物群落特征

（1）浮游生物组成

阿拉哈克盐湖夏季共检测出浮游植物 9 门 75 属，以硅藻门（25 属）、绿藻门（25 属）和蓝藻门（16 属）为主，分别占夏季浮游植物总属数的 33.3%、33.3% 和 21.3%；春季共检测出浮游植物 7 门 45 属，以硅藻门（15 属）、绿藻门（15 属）和蓝藻门（9 属）为主，分别占春季浮游植物总属数的 33.3%、33.3% 和 20.0%。

阿拉哈克盐湖夏季共检测出浮游动物 4 门 24 属，以原生动物（12 属）为主，占夏季浮游动物总属数的 52.2%；春季共检测出浮游动物 4 门 21 属，以原生动物（12 属）为主，占春季浮游动物总属数的 60.0%。

（2）浮游生物的丰度和生物量

阿拉哈克盐湖夏季浮游植物丰度和生物量均以硅藻门为主，其次是蓝藻门和裸藻门；阿拉哈克盐湖春季浮游植物丰度和生物量最小，为 $5.24×10^4$ ind./L 和 0.069 mg/L。春季绿藻门丰度占比最高，其次是蓝藻门和硅藻门，生物量以硅藻门为主，其次是绿藻门和蓝藻门。

阿拉哈克盐湖夏季浮游动物丰度和生物量均以鳃足类为主，其次是轮虫；春季轮虫丰度占比最高，其次是鳃足类，但是生物量以鳃足类为主，其次是轮虫。

（3）浮游生物优势种

阿拉哈克盐湖夏季浮游植物优势种有蓝藻门（3 种）、绿藻门（3 种）、硅藻门（5种）和裸藻门（2种），优势度最高的为美丽双壁藻（*Diploneis puella*）；春季优势种有蓝藻门（1种）、绿藻门（3种）和硅藻门（2种），优势度最高的为赖格乌龙藻（*Woronichinia naegeliana*）。

阿拉哈克盐湖夏季浮游动物优势种有原生动物（1种）、轮虫纲（2种）和鳃足类（1种），绝对优势种为孤雌卤虫（*Artemia parthenogenetica*）；春季优势种有轮虫纲（1种）和鳃足类（1种），优势度最大的为壶状臂尾轮虫（*Brachionus urceus*）。

（4）浮游生物多样性指数

阿拉哈克盐湖浮游生物多样性指数如表2-3所示，由表可知在不同季节多样性指数出现明显的时间差异。

表2-3　阿拉哈克湖浮游生物多样性指数时间分布状况

类别	多样性指数	阿拉哈克盐湖	
		夏季	春季
浮游植物	H′	1.508	1.253
	Margalef 丰富度指数	5.185	4.049
	J′	0.349	0.329
浮游动物	H′	0.712	1.086
	Margalef 丰富度指数	2.105	2.011
	J′	0.224	0.357

2.3.1.4　基于扩增子测序技术和传统形态学的阿拉哈克盐湖浮游生物群落特征比较

扩增子测序技术和形态学鉴定与巴里坤盐湖一致，但选取18S rRNA的V4高变区作为真核浮游生物的标记基因，23S rRNA作为原核蓝藻门的标记基因，引物序列如表2-4所示。扩增体系为：5 μL 5×Q5 反应buffer，5 μL 5×Q5 高保真GCbuffer，0.25 μL Q5高保真DNA聚合酶，2 μL dNTPs，上下游引物（10 μmol/L）各1.5 μL，1.5 μL DNA模板，加双蒸水补足至25 μL。扩增循环程序为：98 ℃预变性2 min；98 ℃变性15 s，55 ℃退火30 s，72 ℃延伸30 s，25个循环；最后72 ℃延伸5 min。扩增产物送至上海派森诺生物科技股份有限公司进行高通量测序，采用Illumina平台对群落DNA片段进行双端（Pairedend）测序。

表2-4 真核浮游生物和原核浮游生物引物序列

引物名称	引物序列
18S rRNA-V4	F: CCAGCASCYGCGGTAATTCC
	R: ACTTTCGTTCTTGATYRA
23S rRNA	F: GGACAGAAAGACCCTATGAA
	R: TCAGCCTGTTATCCCTAGAG

（1）浮游生物群落组成

剔除未知序列和不研究门类，保留注释到真核浮游生物和原核浮游生物（蓝藻门）序列，阿拉哈克盐湖共注释到浮游植物8门87属，包括绿藻门、硅藻门、蓝藻门、金藻门、甲藻门、隐藻门、裸藻门和红藻门，其中，蓝藻门和硅藻门相对丰度最高，分别占阿拉哈克盐湖浮游植物总丰度的49.5%和32.2%；共注释到浮游动物4门39属，包括原生动物门、轮虫纲、鳃足类和桡足类，其中，鳃足类相对丰度占比最高，占阿拉哈克盐湖浮游动物总丰度的62.47%。

（2）浮游生物多样性指数

利用传统形态学方法和高通量测序技术分析真核浮游生物和原核浮游生物（蓝藻门）多样性指数，发现基于高通量测序技术所得到的多样性指数高于形态学方法所得到的多样性指数（表2-5）。

表2-5 浮游植物多样性指数比较

鉴定方法	类别	H' 阿拉哈克盐湖	J' 阿拉哈克盐湖
传统形态学	蓝藻门（Cyanophyta）	1.66	0.273
	真核浮游生物（Eukaryotes）	1.023	0.309
高通量测序技术	蓝藻门（Cyanophyta）	2.082	0.409
	真核浮游生物（Eukaryotic planton）	3.969	0.32

2.3.2 常见浮游生物资源名录

2.3.2.1 浮游植物资源名录

新疆北部主要盐湖由于盐度都在70以上，盐湖周围未形成明显的大型水生植物，水体中主要以浮游藻类为主，由于水体藻类资源在不同季节组成比例不同，因此造成盐湖水体颜色呈现差异，因此出现了大自然的调色盘等雅称，新疆北部主要浮游植物见表2-6至表2-9。

2　新疆北部主要盐湖水生生物资源

表 2-6　阿拉哈克盐湖常见浮游植物名录

门	属或种	学名
蓝藻门 Cyanophyta	棒胶藻属	*Rhabdogloea* sp.
	岳氏藻属	*Johannesbaptistia* sp.
	螺旋藻属	*Spirulina* sp.
	微囊藻属	*Microcystis* sp.
	鱼腥藻属	*Anabaena* sp.
	席藻属	*Phormidium* sp.
	颤藻属	*Oscillatoria* sp.
	细鞘丝藻属	*Leptolyngbya* sp.
	色球藻属	*Chroococcus* sp.
	博氏藻属	*Borzia* sp.
	管胞藻属	*Chamaesiphon* sp.
	眉藻属	*Calothrix* sp.
	束丝藻属	*Aphanizomenon* sp.
	翅线藻属	*Petalonema* sp.
	隐球藻属	*Aphanocapsa* sp.
	平裂藻属	*Merismopedia* sp.
	乌龙藻属	*Woronichinia* sp.
	欧氏藻属	*Woronichinia* sp.
绿藻门 Chlorophyta	纤维藻属	*Ankistrodesmus* sp.
	平藻属	*Pedinomonas* sp.
	衣藻属	*Chlamydomonas* sp.
	棘球藻属	*Echinosphaerella* sp.
	小箍藻属	*Trochiscia* sp.
	小球藻属	*Chlorella* sp.
	绿球藻属	*Chlorococcum* sp.
	四粒藻属	*Tetrachlorella* sp.
	网球藻属	*Dictyosphaerium* sp.
	卵囊藻属	*Oocystis* sp.
	棘鞘藻属	*Echinocoleum* sp.
	胶囊藻属	*Gloeocystis* sp.
	弓形藻属	*Schroederia* sp.
	新月藻属	*Closterium* sp.
	角顶鼓藻属	*Triploceras* sp.
	丝藻属	*Ulothrix* sp.
	链枝藻属	*Ctenocladus* sp.
	羽枝藻属	*Cloniophora* sp.

续表

门	属或种	学名
绿藻门 Chlorophyta	根枝藻属	*Rhizoclonium* sp.
	刚毛藻属	*Cladophora* sp.
	黑孢藻属	*Pithophora* sp.
	鞘藻属	*Oedogonium* sp.
	浒苔属	*Enteromorpha* sp.
	团藻属	*Volvox* sp.
	实球藻属	*Pandorina* sp.
	四孢藻属	*Tetraspora* sp.
	栅藻属	*Scenedesmus* sp.
	拟韦斯藻属	*Westellopsis* sp.
	十字藻属	*Crucigenia* sp.
	盘星藻属	*Pediastrum* sp.
	皮襟藻属	*Hormotila* sp.
硅藻门 Bacillariophyta	美壁藻属	*Caloneis* sp.
	舟形藻属	*Navicula* sp.
	布纹藻属	*Gyrosigma* sp.
	双壁藻属	*Diploneis* sp.
	卵形藻属	*Cocconeis* sp.
	辐节藻属	*Stauroneis* sp.
	羽纹藻属	*Pinnularia* sp.
	曲壳藻属	*Achnanthes* sp.
	弯楔藻属	*Rhoicosphenia* sp.
	波缘藻属	*Cymatopleura* sp.
	双菱藻属	*Surirella* sp.
	窗纹藻属	*Epithemia* sp.
	菱形藻属	*Nitzschia* sp.
	针杆藻属	*Synedra* sp.
	脆杆藻属	*Fragilaria* sp.
	棍形藻属	*Bacillaria* sp.
	等片藻属	*Diatoma* sp.
	直链藻属	*Melosira* sp.
	小环藻属	*Cyclotella* sp.
	冠盘藻属	*Stephanodiscus* sp.
	圆筛藻属	*Coscinodiscus* sp.
	海链藻属	*Thalassiosira* sp.
	半盘藻属	*Hemidiscus* sp.
	根管藻属	*Rhizosolenia* sp.

续表

门	属或种	学名
硅藻门 Bacillariophyta	双眉藻属	*Amphora* sp.
	桥弯藻属	*Cymbella* sp.
	双楔藻属	*Didymosphenia* sp.
裸藻门 Euglenophyta	裸藻属	*Euglena* sp.
	囊裸藻属	*Trachelomonas* sp.
	多形藻属	*Distigma* sp.
	袋鞭藻属	*Peranema* sp.
褐藻门 Phaeophyta	石皮藻属	*Litboderma* sp.
金藻门 Chrysophyta	鱼鳞藻属	*Mallomonas* sp.
甲藻门 Pyrrophyta	裸甲藻属	*Gymnodinium* sp.
黄藻门 Xanthophyta	气球藻属	*Botrydium* sp.
	拟气球藻属	*Botrydiopsis* sp.
隐藻门 Cryptophyta	隐藻属	*Cryptomonas* sp.

表 2-7 巴里坤盐湖常见浮游植物名录

门	属或种	学名
硅藻门 Bacillariophyta	针杆藻属	*Synedra* sp.
	棒杆藻属	*Rhopalodia* sp.
	胸膈藻属	*Mastogloia* sp.
	舟形藻属	*Navicula* sp.
	桥弯藻属	*Cymbella* sp.
	双眉藻属	*Amphora* sp.
	羽纹藻属	*Pinnularia* sp.
	异极藻属	*Gomphonema* sp.
	小环藻属	*Cyclotella* sp.
	脆杆藻属	*Fragilaria* sp.
	等片藻属	*Diatoma* sp.
	布纹藻属	*Gyrosigma* sp.
	窗纹藻属	*Epithemia* sp.

续表

门	属或种	学名
硅藻门 Bacillariophyta	菱形藻属	*Nitzschia* sp.
	双菱藻属	*Surirella* sp.
	短缝藻属	*Eunotia* sp.
	茧形藻属	*Amphiprora* sp.
	卵形藻属	*Cocconeis* sp.
	直链藻属	*Melosira* sp.
	波缘藻属	*Cymatopleura* sp.
	圆筛藻属	*Coscinodiscus* sp.
	菱板藻属	*Hantzschia* sp.
	弯楔藻属	*Rhoicosphenia* sp.
	马鞍藻属	*Campylodiscus* sp.
绿藻门 Chlorophyta	栅藻属	*Scenedesmus* sp.
	衣藻属	*Chlamydomonas* sp.
	杜氏藻属	*Dunaliella* sp.
	鼓藻属	*Cosmarium* sp.
	新月藻属	*Closterium* sp.
	盘星藻属	*Pediastrum* sp.
	小球藻属	*Chlorella* sp.
	月牙藻属	*Selenastrum* sp.
	十字藻属	*Crucigenia* sp.
	空球藻属	*Eudorina* sp.
	实球藻属	*Pandorina* sp.
	水绵属	*Spirogyra* sp.
	鞘藻属	*Oedogonium* sp.
	转板藻属	*Mougeotia* sp.
	丝藻属	*Ulothrix* sp.
	刚毛藻属	*Cladophora* sp.

续表

门	属或种	学名
蓝藻门 Cyanophyta	颤藻属	*Oscillatoria* sp.
	螺旋藻属	*Spirulina* sp.
	平裂藻属	*Merismopedia* sp.
	微囊藻属	*Microcystis* sp.
	色球藻属	*Chroococcus* sp.
	念珠藻属	*Nostoc* sp.
	聚球藻属	*Synechococcus* sp.
	须藻属	*Homoeothrix* sp.
	鞘丝藻属	*Lyngbya* sp.
	隐球藻属	*Aphanocapsa* sp.
	立方藻属	*Eucapsis* sp.
裸藻门 Euglenophyta	裸藻属	*Euglena* sp.
	扁裸藻属	*Phacus* sp.
	囊裸藻属	*Trachelomonas* sp.
	卡克藻属	*Khawkinea* sp.
甲藻门 Pyrrophyta	多甲藻属	*Peridinium* sp.
	角甲藻属	*Ceratium* sp.
	裸甲藻属	*Gymnodimium* sp.
金藻门 Chrysophyta	锥囊藻属	*Dinobryon* sp.
	黄群藻属	*Synura* sp.
	鱼鳞藻属	*Mallomonas* sp.
黄藻门 Xanthophyta	葡萄藻属	*Botryococcus* sp.

表 2-8 托勒库勒盐湖常见浮游植物物种组成

门	属或种	学名
蓝藻门 Cyanophyta	颤属	*Oscillatoria* sp.

续表

门	属或种	学名
绿藻门 Chlorophyta	绿色杜氏藻	*Dunaliella viridis*
	盐藻	*Dunaliella salina*
	衣藻	*Chlanydomonas* sp.
	卵囊藻	*Oocystis* sp.
硅藻门 Bacillariophyta	小环藻	*Cyclotella* sp.
	尖针杆藻	*Synedra acus*
	近缘针杆藻	*Synedra affinis*
	嗜盐舟形藻	*Navicula halophila*
	等片藻	*Diatoma* sp.
	桥弯藻	*Cymbella* sp.
	细丝藻	*Ulothrix tenerrima*
隐藻门 Cryptophyta	卵形隐藻	*Cryptomonas ovata*
	尖尾蓝隐藻	*Chroomonas acuta*

表 2-9　艾比湖常见浮游植物名录

门	属或种	学名
蓝藻门 Cyanophyta	色球藻	*Chroococcus* sp.
	黏球藻	*Gloeocapsa* sp.
	平裂藻	*Merismopedia* sp.
	黏杆藻	*Gloeothece* sp.
	微囊藻	*Microcystis* sp.
	蓝纤维藻	*Dactylococcopsis* sp.
	颤藻	*Oscillatoria* sp.
	螺旋藻	*Spirulina* sp.
	鱼腥藻	*Anabaena* sp.
	丝藻	*Homoeothrix* sp.
绿藻门 Chlorophyta	盐藻	*Dunaliella salina*
	扁藻	*Platymona* sp.
	杂球藻	*Pleodorina* sp.

续表

门	属或种	学名
绿藻门 Chlorophyta	空球藻	*Eudorina* sp.
	衣藻	*Chlamydomonas* sp.
	胶囊藻	*Gloeocystis* sp.
	绿球藻	*Chlorococcum* sp.
	小球藻	*Chlorella* sp.
	卵囊藻	*Oocystis* sp.
	浮球藻	*Planktosphaeria* sp.
	四角藻	*Tetraedron* sp.
	十字藻	*Crucigenia* sp.
	弓形藻	*Schroederia* sp.
	蹄形藻	*Kirchneriella* sp.
	四集藻	*Palmella* sp.
	四星藻	*Tetrastrum* sp.
	肾形藻	*Nephrocytium* sp.
	栅列藻	*Scenedesmus* sp.
	圆丝鼓藻	*Hyalotheca* sp.
	盘星藻	*Pediastrum* sp.
	鼓藻	*Cosmarium* sp.
硅藻门 Bacillariophyta	小环藻	*Cyclotella* sp.
	等片藻	*Diatoma* sp.
	直链藻	*Melosira* sp.
	平板藻	*Tabellaria* sp.
	脆杆藻	*Fragilaria* sp.
	卵形藻	*Cocconeis* sp.
	弯楔藻	*Rhoicosphenia* sp.
	桥弯藻	*Cymbella* sp.
	舟形藻	*Navicula* sp.
	双壁藻	*Diploneis* sp.
	双眉藻	*Amphora* sp.
	异极藻	*Gomphonema* sp.

续表

门	属或种	学名
硅藻门 Bacillariophyta	布纹藻	*Gyrosigma* sp.
	茧形藻	*Amphiprora* sp.
	羽纹藻	*Pinnularia* sp.
	波缘藻	*Cymatopleura* sp.
	辐节藻	*Stauroneis* sp.
	菱形藻	*Nitzschia* sp.
	棒杆藻	*Rhopalodia* sp.
裸藻门 Euglenophyta	裸藻	*Euglena* sp.
	扁裸藻	*Phoxus* sp.
	囊裸藻	*Trachelomonas* sp.
金藻门 Chrysophyta	单鞭金藻	*Chromulina* sp.
甲藻门 Pyrrothyta	光薄甲藻	*Peridiniopsis polonicum*
隐藻门 Cryptophyta	尖尾蓝隐藻	*Chroomodnas ouata*
	卵形隐藻	*Cryptomonas acuta*

2.3.2.2 浮游动物资源名录

新疆北部主要盐湖的浮游动物主要以耐盐碱的鳃足类（卤虫）（单独下文介绍）、原生动物、轮虫类、枝角类和桡足类为主。不同的湖沼由于盐度不同，浮游动物会形成一定物种差异和构成比例差异。常见种类见表2-10至表2-13。

表 2-10 阿拉哈克盐湖浮游动物种类组成

类别	属或种	学名
原生动物 Protozoa	旋口虫属	*Spirostomum* sp.
	帆口虫属	*Pleuronema* sp.
	晶盘虫属	*Hyalodicus* sp.
	罗氏虫属	*Rosculus* sp.
	匣壳虫属	*Pyxidicula* sp.
	拟砂壳虫属	*Pseudodifflugia* sp.
	匣壳虫属	*Centropyxis* sp.
	圆壳虫属	*Cyclopyxis* sp.

续表

类别	属或种	学名
原生动物 Protozoa	砂壳虫属	*Difflugia* sp.
	表壳虫属	*Arcella* sp.
	刺胞虫属	*Acanthocystis* sp.
	六前鞭虫属	*Hexamita* sp.
	孔锤虫属	*Clathrulina* sp.
	曲颈虫属	*Cyphoderia* sp.
	长吻虫属	*Lacrymaria* sp.
	草履虫属	*Paramecium* sp.
	斜管虫属	*Chilodonella* sp.
轮虫纲 Rotifera	狭甲轮虫属	*Colurella* sp.
	泡轮虫属	*Pompholyx* sp.
	叶轮属	*Notholca* sp.
	单趾轮虫属	*Monostyia* sp.
	臂尾轮虫	*Brachionus* sp.
	鞍甲轮虫属	*Lepadella* sp.
	晶囊轮虫属	*Asplanchna* sp.
	哈林轮虫属	*Harringia* sp.
	唇行叶轮虫	*Notholca labis* sp.
鳃足类 Branchiopoda	卤虫属	*Artemia* sp.
枝角类 Cladocera	秀体溞属	*Diaphanosoma* sp.
	仙达溞属	*Side* sp.
	低额溞属	*Simocephlaus* sp.

表 2–11 巴里坤湖浮游动物种类组成

类别	属或种	学名
原生动物门 Protozoa	表壳虫属	*Arcella* sp.
	长筒拟铃壳虫属	*Tintinnopsis longus*
	累枝虫属	*Epistylis* sp.

续表

类别	属或种	学名
原生动物门 Protozoa	曲颈虫属	*Cyphoderia ampulla*
	裸口虫属	*Holophrya* sp.
	匕口虫属	*Lagynophrya* sp.
	帽状侠盗虫属	*Strobilidium velox*
	杂葫芦虫属	*Cucurbitella mespiliformis*
	旋匣壳虫属	*Centropyxis discoides*
	球形砂壳虫属	*Difflugia globulosa*
	长圆砂壳虫属	*Difflugia oblonga*
	有棘鳞壳虫属	*Euglypha acanthophora*
	结节鳞壳虫属	*Euglypha tuberculata*
轮虫纲 Rotifera	鳞状叶轮虫属	*Notholca squamula*
	尖削叶轮虫属	*Notholca acuminata*
	卜氏晶囊轮虫属	*Asplanchna brightwelli*
	月形腔轮虫属	*Lecane lunaris*
	蹄形腔轮虫属	*Lecane ungulata*
	无棘鳞冠轮虫属	*Suatinella mutica*
	钩状狭甲轮虫属	*Colurella uncinata*
	异尾轮虫属	*Trichocerca* sp.
	巨头轮虫属	*Cephalodella* sp.
	皱甲轮虫属	*Ploesoma* sp.
	旋轮虫属	*Philodina* sp.
	尖角单趾轮虫属	*Monostyla hamata*
	螺形龟甲轮虫属	*Keratella cochlearis*
	矩形龟甲轮虫属	*Keratella quadrata*
	曲腿龟甲轮虫属	*Keratella valga*
	十指平甲轮虫属	*Platyias militaris*
	褶皱臂尾轮虫属	*Brachionus plicatilis*
	方形臂尾轮虫属	*Brachionus quadridentatus*
	壶状臂尾轮虫属	*Brachionus urceus*
	角突臂尾轮虫属	*Brachionus angularis*
	花箧臂尾轮虫属	*Brachionus capsuliflorus*

续表

类别	属或种	学名
枝角类 Cladocera	尖额溞属	*Alona* sp.
	锐额溞属	*Alonella* sp.
	盘肠溞属	*Chydorus* sp.
桡足类 Copepoda	剑水蚤目属 无节幼体属	nauplii of *Cyclopoida*
	哲水蚤目属 无节幼体属	nauplii of *Calanoida*
	剑水蚤属	*Cyclops* sp.

表 2-12 托勒库勒盐湖浮游动物物种组成

类别	属或种	学名
原生动物 Protozoa	表壳虫	*Arcella* sp.
	变形虫	*Amoeba proteus*
	锥形似铃壳虫	*Tintinnopsis conicus*

表 2-13 艾比湖浮游动物种类组成

类别	属或种	学名
原生动物 Protozoa	太阳虫	*Actinophrys* sp.
	刺胞虫	*Acanthocystis* sp.
	表壳虫	*Arcella* sp.
	砂壳虫	*Difflugia* sp.
	侠盗虫	*Strobilidium* sp.
	焰毛虫	*Askenasia* sp.
	斜管虫	*Chilodonella* sp.
	筒壳虫	*Tintinnidium* sp.
	肾形虫	*Colpoda* sp.
	尖鼻虫	*Qxyrrhis marina*
	蚕豆虫	*Fabrea salina*

续表

类别	属或种	学名
轮虫纲 Rotifera	矩形龟甲轮虫	*Keratella quadrata*
	方尖削叶轮虫	*Notholca acuminata*
	月形单趾轮虫	*Monostyla lunaris*
	臂尾轮虫	*Brachionus* sp.
	异尾轮虫	*Trichocerca* sp.
	三肢轮虫	*Filinia* sp.
枝角类 Cladocera	蒙古裸腹溞	*Moina mongolica*
	拟溞	*Daphniopsis* sp.

2.3.3 常见卤虫资源与染色体倍性

新疆北部主要盐湖中有 3 个（巴里坤盐湖、艾比湖、阿拉哈克盐湖）分布有卤虫资源，1 个盐湖（托勒库勒盐湖）无分布，其中，巴里坤盐湖卤虫卵资源丰富，每年都有一定的捕捞量；艾比湖由于地处新疆艾比湖湿地国家级自然保护区内，虽然卤虫卵资源可观，但目前已停止捕捞开发；阿拉哈克盐湖卤虫卵产量低，无捕捞价值。经过生物学分析和条形码基因分析，巴里坤盐湖卤虫、艾比湖卤虫、阿拉哈克盐湖卤虫均为孤雌生殖类型，其中，巴里坤盐湖卤虫具有二倍体、三倍体、四倍体、五倍体等多种染色体倍性，艾比湖主要为二倍体卤虫，阿拉哈克盐湖也主要为二倍体卤虫（表 2-14）。

表 2-14 盐湖卤虫种类组成

类别	属或种	学名
无甲目 Anostraca	卤虫 *Artemia*	孤雌卤虫支系 *Artemia parthenogenetic lineage* 2n, 3n, 4n, 5n

注：2n、3n、4n、5n 分别表示二倍体、三倍体、四倍体和五倍体。

2.3.4 常见大型无脊椎动物名录

新疆北部主要盐湖一般盐度较高，因此大型无脊椎动物种类较少，主要是节肢动物门昆虫纲双翅类的幼虫（水蝇类）和一些能在水面滑行的水生昆虫类成体（如蝎蛉、水蝇）、蛛形纲和线虫动物门的一些无脊椎动物，另外在一些盐湖附属水体有划蝽类（表2-15）。

表 2-15 盐湖大型无脊椎动物种类组成

类别	属或种	学名
昆虫纲 Insecta	短柄大蚊属	*Tipula Nephrotoma* sp.
	尖牙牙甲	*Hydrophilus acuminatus*
	棉塘水螟	*Elophila interruptalis*
	亮斑扁角水虻	*Hermetia illucens*
	管蚜蝇属	*Eristalis* sp.
	水蝇属（假膜水蝇）	*Ephydra pseudomurina* sp.
	水蝇属	*Ephydra* sp.
	划蝽科	*Corixidae*
蛛形纲 Arachnida	未鉴定	Arachnida
线虫动物 Nematoda	未鉴定	Nematoda

2.3.5 常见水生鸟类名录

盐碱水域作为浅水湿地生境，鸟类资源丰富，尤其是分布有卤虫、卤蝇等水鸟优质食物资源的盐湖区域，鸟类资源（雁形目、鸻形目、鸥形目、雀形目等）尤其丰富。常见的水生鸟类名录见表 2-16。有些鸟类如赤麻鸭、黑翅长脚鹬、反嘴鹬、环颈鸻、红脚鹬、渔鸥几乎周年可见。

表 2-16 盐湖常见水生鸟类名录

目	科	种	学名
䴙䴘目 Podicipediformes	䴙䴘科 Podicipedidae	小䴙䴘	*Tachybaptus ruficollis*
		黑颈䴙䴘	*Podiceps nigricollis*
		凤头䴙䴘	*Podiceps cristatus*

续表

目	科	种	学名
鹈形目 Pelecaniformes	鸬鹚科 Phalacrocoracidae	普通鸬鹚	*Phalacrocorax carbo*
		大白鹭	*Ardea alba*
		苍鹭	*Ardea cinerea*
		夜鹭	*Nycticorax nycticorax*
		池鹭	*Ardeola bacchus*
		白琵鹭	*Platalea leucorodia*
		大麻鳽	*Botaurus stellaris*
鹳形目 Ciconiiformes	鹳科 Ciconiidae	黑鹳	*Ciconia nigra*
雁形目 Anseriformes	鸭科 Anatidae	豆雁（大雁）	*Anser fabalis*
		灰雁（野鹅）	*Anser anser*
		赤麻鸭（黄鸭）	*Tadorna ferruginea*
		针尾鸭	*Anas acuta*
		绿翅鸭（小凫）	*Anas crecca*
		绿头鸭（野鸭）	*Anas latyrhynchos*
		赤膀鸭	*Anas strepera*
		白眉鸭（巡凫）	*Anas querquedula*
		琵嘴鸭	*Anas clypeata*
		赤嘴潜鸭	*Netta rufina*
		红头潜鸭	*Aythya ferina*
		白眼潜鸭	*Aythya nyroca*
		凤头潜鸭	*Aythya fuligula*
		鹊鸭	*Bucephala clangula*
		普通秋沙鸭	*Mergus merganser*
		赤颈鸭	*Anas penelope*
		大天鹅（鹄）	*Cygnus cygnus*
鹤形目 Gruiformes	鹤科 Gruidae	蓑羽鹤	*Grus virgo*
		灰鹤	*Grus grus*
	秧鸡科 Rallidae	普通秧鸡	*Rallus indicus*
		姬田鸡	*Little Crake*
		黑水鸡	*Gallinula chloropus*
		白骨顶	*Fulica atra*

续表

目	科	种	学名
鸻形目 Charadriiformes	反嘴鹬科 Recurvirostridae	黑翅长脚鹬	*Himantopus himantopus*
		反嘴鹬	*Recurvirostra avosetta*
	鸻科 Charadriidae	灰斑鸻	*Pluvialis squatarola*
		金斑鸻	*Pluvialis fulva*
		凤头麦鸡	*Vanellus vanellus*
		金眶鸻	*Charadrius dubius*
		环颈鸻	*Charadrius alexandrinus*
	鹬科 Scolopacidae	红颈瓣蹼鹬	*Phalaropus lobatus*
		白腰杓鹬	*Numenius arquata*
		翻石鹬	*Arenaria interpres*
		黑尾塍鹬	*Limosa limosa*
		矶鹬	*Actitis hypoleucos*
		流苏鹬	*Philomachus pugnax*
		丘鹬	*Scolopax rusticola*
		泽鹬	*Tringa stagnatilis*
		大杓鹬	*Numenius madagascariensis*
		扇尾沙锥	*Gallinago gallinago*
		红颈滨鹬	*Calidris ruficollis*
		灰瓣蹼鹬	*Phalaropus fulicarius*
		鹤鹬	*Tringa erythropus*
		红脚鹬	*Tringa totanus*
		青脚鹬	*Tringa nebularia*
		白腰草鹬	*Tringa ochropus*
		林鹬	*Tringa glareola*
		翘嘴鹬	*Xenus cinereus*
		乌脚滨鹬	*Calidris temminckii*
		弯嘴滨鹬	*Calidris ferruginea*
		黑腹滨鹬	*Calidris alpina*
		阔嘴鹬	*Limicola falcinellus*

续表

目	科	种	学名
鸥形目 Lariformes	鸥科 Laridae	黄腿银鸥	*Larus cachinnans*
		渔鸥	*Larus ichthyaetus*
		红嘴鸥	*Larus ridibundus*
	燕鸥科 Sternidae	普通燕鸥	*Sterna hirundo*
		白额燕鸥	*Sterna albifrons*
		须浮鸥	*Chlidonias hybrida*
雀形目 Passeriformes	燕科 Hirundinidae	家燕	*Hirundo rustica*
	太平鸟科 Bombycillidae	太平鸟	*Bombycilla garrulus*
	伯劳科 Laniidae	荒漠伯劳	*Lanius isabellinus*
		灰伯劳	*Lanius excubitor*
	椋鸟科 Sturnidae	紫翅椋鸟	*Sturnus vulgaris*
	鸦科 Corvidae	寒鸦	*Corvus monedula*
		小嘴乌鸦	*Corvus corone*
	鹪鹩科 Troglodytidae	鹪鹩	*Troglodytes*
	岩鹨科 Prunellidae	褐岩鹨	*Prunella fulvescens*
		领岩鹨	*Prunella collaris*
		黑喉岩鹨	*Prunella atrogularis*
	鸦雀科 Paradoxornithidae	文须雀	*Panurus biarmicus*
	扇尾莺科 Cisticolidae	山鹛	*Rhopophilus pekinensis*
		叽喳柳莺	*Phylloscopus collybita*
		花彩雀莺	*Leptopoecile sophiae*
		小蝗莺	*Locustella certhiola*
	莺科 Sylviidae	淡眉柳莺	*Phylloscopus humei*
		灰白喉林莺	*Sylvia communis*
		横斑林莺	*Sylvia nisoria*
		大苇莺	*Acrocephalus arundinaceus*
		沙白喉林莺	*Sylvia minula*

续表

目	科	种	学名
雀形目 Passeriformes	雀科 Passeridae	黑顶麻雀	*Passer ammodendri*
		白斑翅雪雀	*Montifringilla nivalis*
		金额丝雀	*Serinus pusillus*
		石雀	*Petronia petronia*
		大朱雀	*Carpodacus rubicilla*
		红胸朱雀	*Carpodacus puniceus*
		红腰朱雀	*Carpodacus rhodochlamys*
		普通朱雀	*Carpodacus erythrinus*
		燕雀	*Fringilla montifringilla*
		黑胸麻雀	*Passer hispaniolensis*
		树麻雀	*Passer montanus*
	燕雀科 Fringillidae	苍头燕雀	*Fringilla coelebs*
		赤胸朱顶雀	*Linaria cannabina*
		黄嘴朱顶雀	*Linaria flavirostris*
		欧金翅雀	*Carduelis chloris*
		红额金翅雀	*Carduelis carduelis*
		黄雀	*Spinus spinus*
		巨嘴沙雀	*Rhodopechys obsoleta*
		长尾雀	*Uragus sibiricus*
	鹀科 Emberizidae	褐头鹀	*Emberiza bruniceps*
		芦鹀	*Emberiza schoeniclus*
		黑头鹀	*Emberiza melanocephala*
		小鹀	*Emberiza pusilla*
		灰眉岩鹀	*Emberiza cia*
		戈氏岩鹀	*Emberiza godlewskii*
	鹟科 Muscicapidae	黑喉石鵖	*Saxicola torquatus*
		黑胸歌鸲	*Luscinia pectoralis*
		红背红尾鸲	*Phoenicurus erythronotus*
		红腹红尾鸲	*Phoenicurus erythrogastrus*
		穗鵖	*Oenanthe oenanthe*
		沙鵖	*Oenanthe isabellina*
		漠鵖	*Oenanthe deserti*
		斑鸫	*Turdus naumanni*

续表

目	科	种	学名
雀形目 Passeriformes	鹡鸰科 Motacillidae	水鹨	*Anthus spinoletta*
		白鹡鸰	*Motacilla alba*
	山雀科 Paridae	大山雀	*Parus major*
		灰蓝山雀	*Cyanistes cyanus*
	河乌科 Cinclidae	河乌	*Cinclus cinclus*

3 新疆北部主要盐湖常见浮游植物图谱

3.1 蓝藻门（Cyanophyta）

3.1.1 聚球藻科（Synechococcaceae）

棒胶藻属（*Rhabdogloea*）

单细胞或微小的胶状群体，漂浮，或者混杂在其他浮游藻类中。群体胶被不明显，无色。细胞细长，圆柱形，两端狭而长，直出，或多或少作螺旋状绕转，S形，或不规则弯曲。单细胞或由少数以至多数细胞聚合于柔软透明的群体胶被中。细胞的原生质体均匀，淡蓝绿色至亮蓝绿色。细胞分裂为与纵轴垂直的横裂。

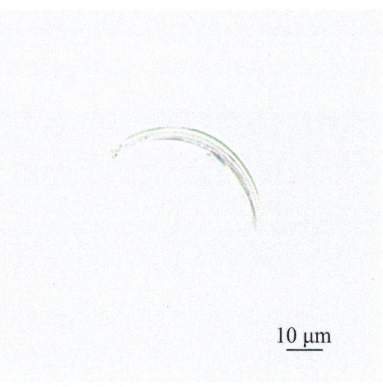

棒胶藻（*Rhabdogloea* sp.）

聚球藻属（*Synechococcus*）

单细胞或两个细胞相连，很少为多细胞群体。细胞圆柱形、卵形或椭圆形，直而不弯曲。两端宽圆。不具胶被或具极薄的、不易观察到的胶被。原生质体均匀，蓝绿色或深绿色，有时具微小颗粒。细胞以横分裂进行繁殖，仅1个分裂面。

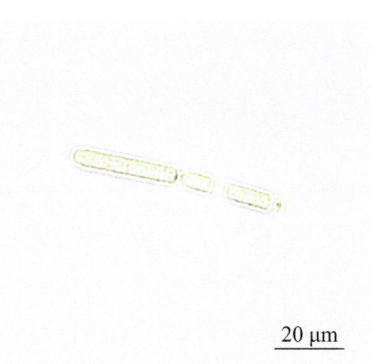

聚球藻（*Synechococcus* sp.）

岳氏藻属（*Johannesbaptistia*）

植物体微小，线状，直或弯曲。细胞盘状。在长管状的胶质中略松散排列成单行。繁殖为细胞横分裂或胶质长管断裂。

3.1.2 平裂藻科（Merismopediaceae）

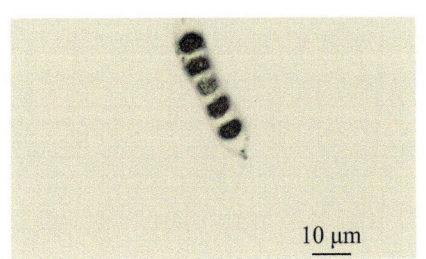

透明岳氏藻（*Johannesbaptistia pellucida*）

乌龙藻属（*Woronichinia*）

自由漂浮。藻群体略为球形、肾形或椭圆形，通常2～4个亚群体组成肾形或心形复合体。群体具无色、透明胶被，胶被离细胞群体边缘较窄，5～10μm。群体中央具辐射状或平行的分枝胶质柄，细胞胶质柄常向外延伸形成类似管道状物，使得胶被变厚，形成透明的放射层。细胞为长卵形、宽卵形或椭圆形，罕见圆球形。

平裂藻属（*Merismopedia* sp.）

群体小，由一层细胞组成平板状。群体胶被无色、透明、柔软。群体中细胞排列整齐，通常两个细胞为一对，两对为一组，4个小组为一群，许多小群集合成大群体，群体中的细胞数目不定，小群体细胞多为32～64个，大群体细胞多可达到数百个以至数千个。细胞浅蓝绿色、亮绿色，少数为玫瑰红色至紫蓝色。原生质体均匀。细胞有两个相互垂直的分裂面，群体以细胞分裂和群体断裂的方式繁殖。

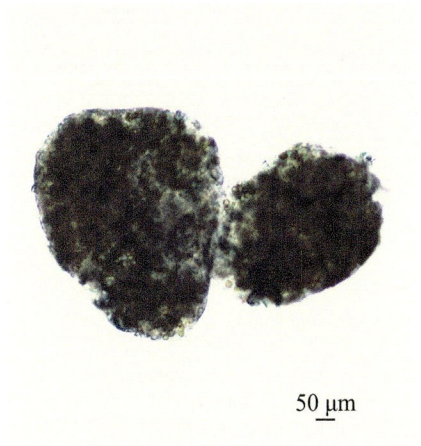

赖格乌龙藻（*Woronichinia naegeliana*）

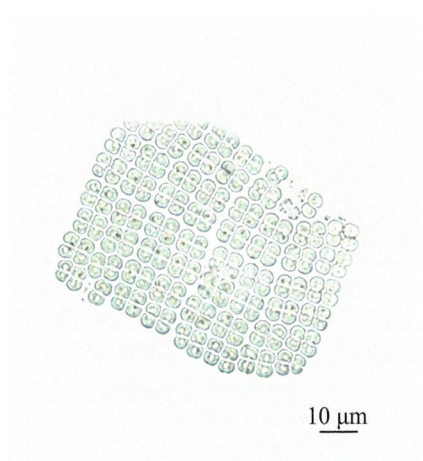

平裂藻属（*Merismopedia* sp.）

隐球藻属（*Aphanocapsa* sp.）

由多数细胞形成球形、卵形或无定形群体，单细胞球形，胶被不明显或无。小的仅在显微镜下才能看到，大的肉眼可见。群体胶被厚而柔软，无色、黄色、棕色或蓝绿色。细胞球形，常常两个或4个细胞一组分布于群体中，每组间有一定距离。个体胶被不明显，或仅有痕迹。原生质体均匀，无假空胞，浅蓝色、亮蓝色或灰蓝色。细胞有3个分裂面。

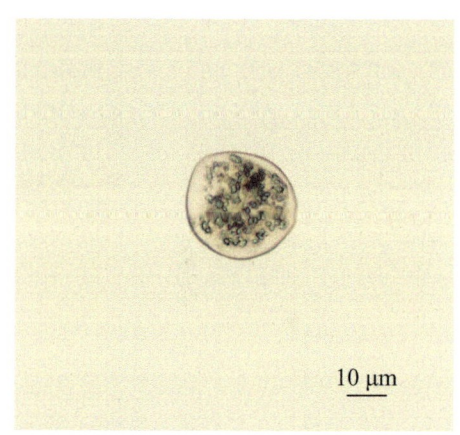

微小隐球藻（*Aphanocapsa delicatissima*）

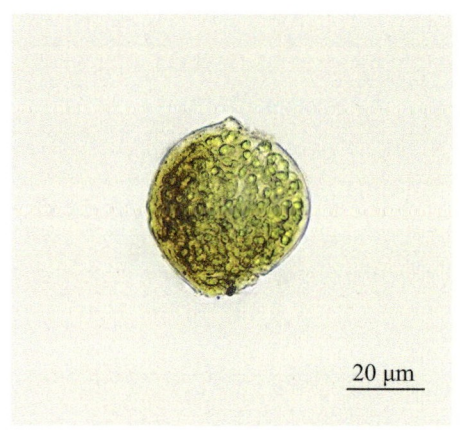

隐球藻属（*Aphanocapsa* sp.）

3.1.3 微囊藻科（Microcystaceae）

微囊藻属（*Microcystis* sp.）

植物团块由许多小群体联合组成，微观或目力可见。自由漂浮于水中或附生于水中其他基物上。群体球形、椭圆形或不规则形，有时在群体上有穿孔，形成网状或窗格状团块。群体胶被无色、透明，少数种类具有颜色。细胞球形或卵圆形。群体中细胞数目极多，排列紧密而有规律。原生质体浅蓝绿色、亮蓝绿色、橄榄绿色。营漂浮生活种类的细胞中常含有气囊。非漂浮的种类，细胞内原生质体大多均匀，无假空胞。以细胞分裂进行繁殖，有3个分裂面。

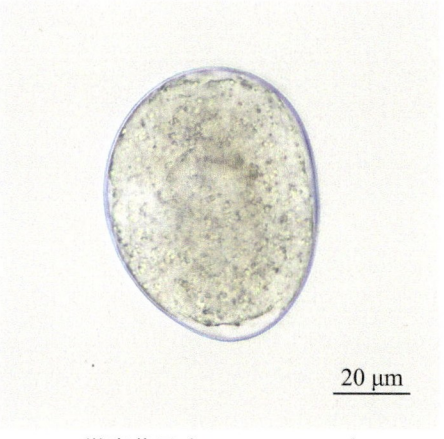

微囊藻属（*Microcystis* sp.）

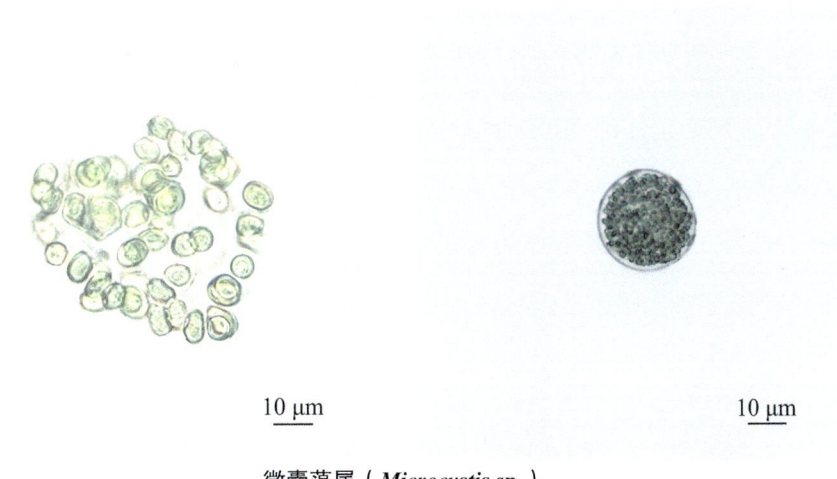

微囊藻属（*Microcystis* sp.）

3.1.4 色球藻科（Chroococcaceae）

色球藻属（*Chroococcus*）

单细胞或由2个、4个、6个或更多个（很少超过64个或128个）细胞联合成圆球形或扁形的群体，群体胶被厚，均匀或分层，透明或黄褐色、红色、紫蓝色。个体亦有胶被，细胞分裂后仍被包于均匀或分层的胶被中，待原胶被溶后才分离为单个个体。细胞圆球形、半圆形或卵形，内含物均匀或具小颗粒，有或无伪空胞。灰色、蓝色、蓝绿色、黄色等。个体胶被明显且互相分开，群体中两个细胞相连处平直或现棱角而非球形，这两点是色球藻属与其他近似藻属区分的重要标志。

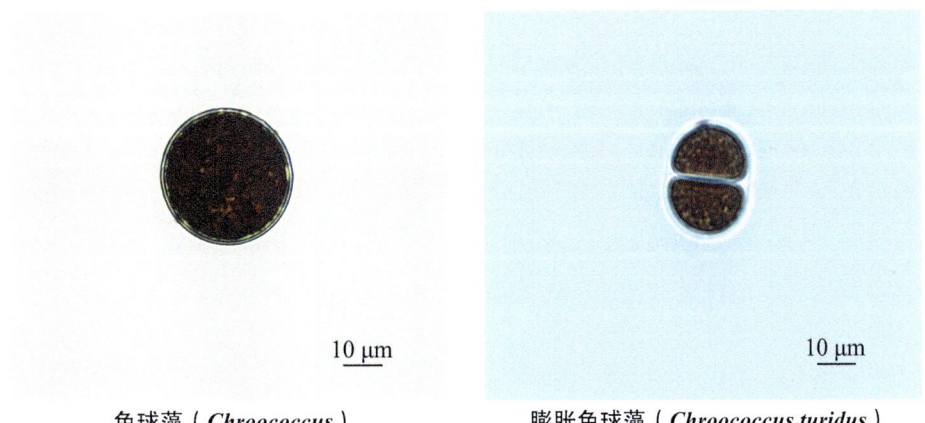

色球藻（*Chroococcus*）   膨胀色球藻（*Chroococcus turidus*）

3.1.5 博氏藻科（*Borziaceae*）

博氏藻属（*Borzia* sp.）

藻丝单生或成小的群体，非常短，最多具 8（16）个细胞，横壁明显收缢。无鞘，有时具薄的胶质或具鞘。藻丝不能动，罕见颤动。

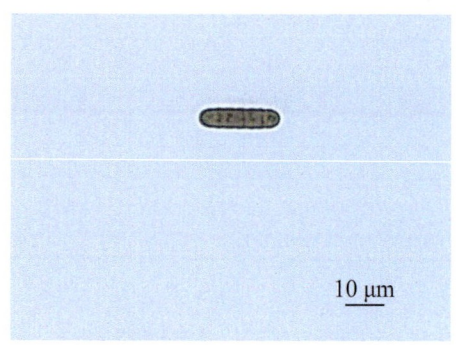

岩居博氏藻（*Borzia saxicola*）

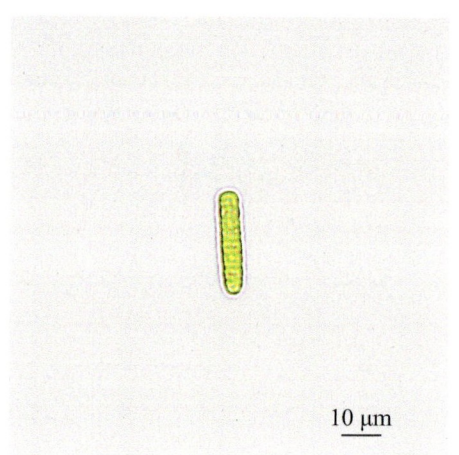

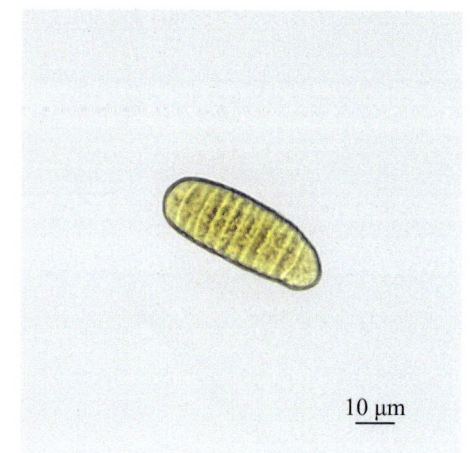

博氏藻（*Borzia* sp.）

3.1.6 颤藻科（*Osicillatoriaceae*）

颤藻属（*Oscillatoria* sp.）

因生长在水中能不断颤动而得名。藻体蓝绿色，为不分枝的单条藻丝，或由许多藻丝组成皮壳状或块状的漂浮群体。无鞘或薄鞘。为一列饼状细胞或为圆柱形或盘状细胞连成的丝状体，细胞横壁处收缢或不收缢，细胞横壁收缢与否是分种的依据。丝状体直形或弯曲形，不分枝，大多等宽，有时略变狭。丝状体顶端细胞形状多样，末端增厚或具帽状体，细胞内含物均匀或具颗粒，少数具伪空胞。通过段殖体繁殖。

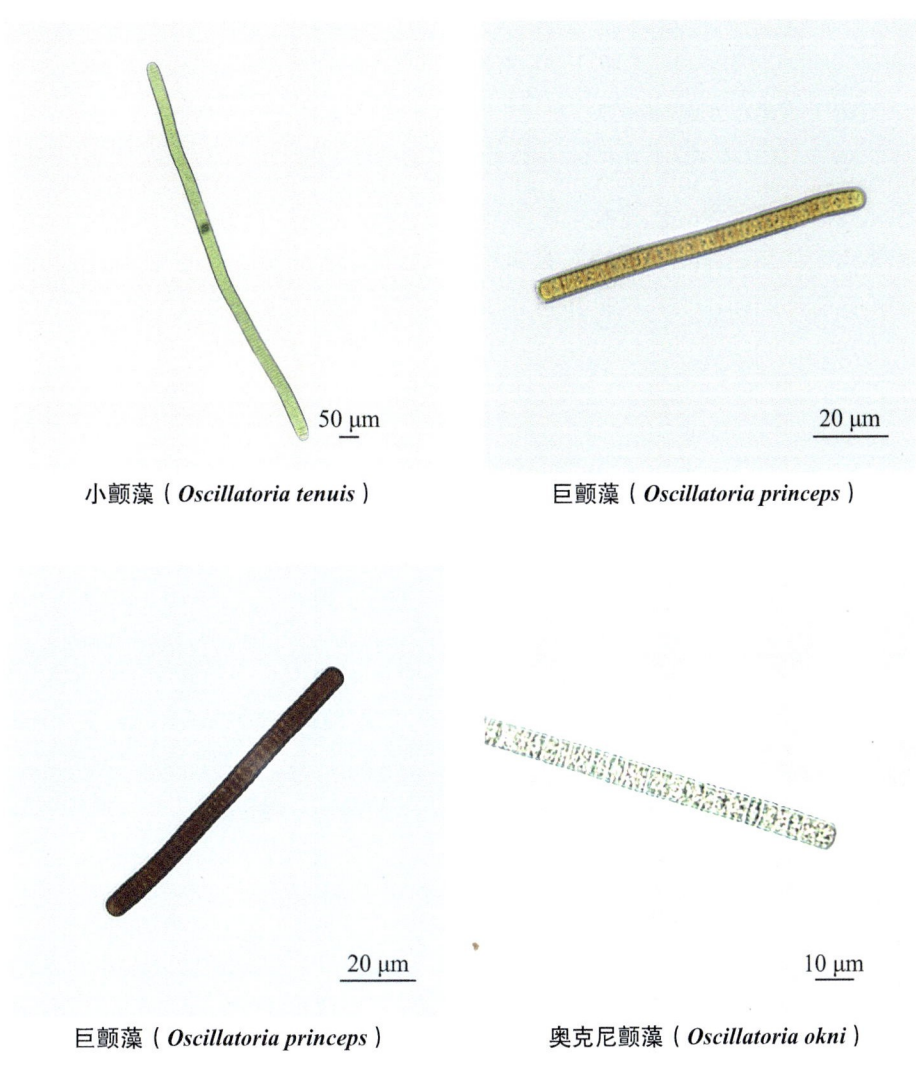

小颤藻（*Oscillatoria tenuis*）　　　巨颤藻（*Oscillatoria princeps*）

巨颤藻（*Oscillatoria princeps*）　　　奥克尼颤藻（*Oscillatoria okni*）

螺旋藻属（*Spirulina*）

单细胞或多细胞丝状体，无鞘。圆柱形，呈疏松或紧密有规则的螺旋状弯曲。细胞或藻丝顶端常不尖细，横壁常不明显，不收缢或收缢，顶细胞圆形，外壁不增厚。

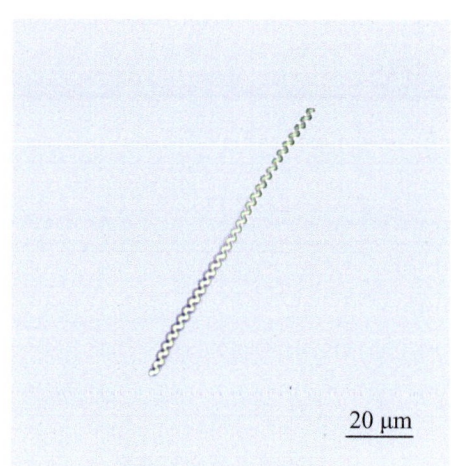
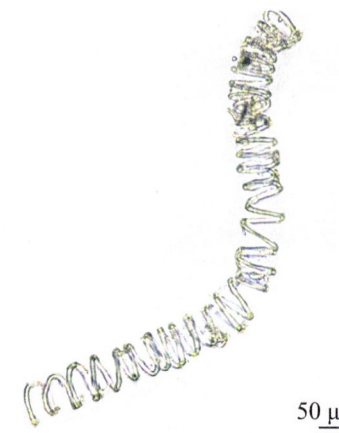

螺旋藻（*Spirulina* sp.） 　　　　　　螺旋藻（*Spirulina* sp.）

3.1.7 念珠藻科（Nostocaceae）

鱼腥藻属（*Anabaena*）

植物体为单一丝体，或不定形胶质块，或柔软膜状。藻丝等宽或末端尖，直或不规则的螺旋状弯曲。细胞球形、桶形。异形胞常为间位。孢子1个或几个成串，紧靠异形胞或位于异形胞之间。

束丝藻属（*Aphanizomenon*）

藻丝体为丝状体，不分枝，直或略弯曲，单生或聚集成束，自由漂浮成鳞片状。丝体中部细胞短圆柱形，或多或少有方形细胞，具假液泡（伪空胞），末端细胞长些，略渐狭（有的成毛状尖），呈无色。鞘疏散，不明显。异形胞间生，有圆柱形或近球形、椭圆形。孢子圆柱形或球状、椭圆形，远离异形胞。大量繁殖导致水华产生。

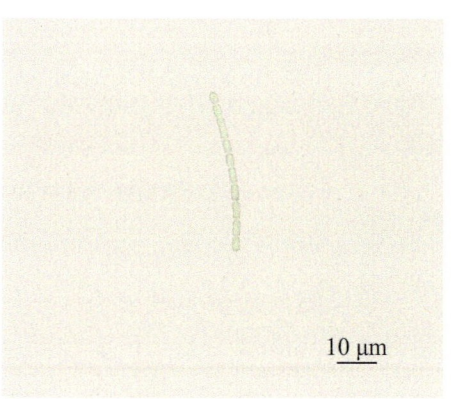

鱼腥藻（*Anabaena* sp.）

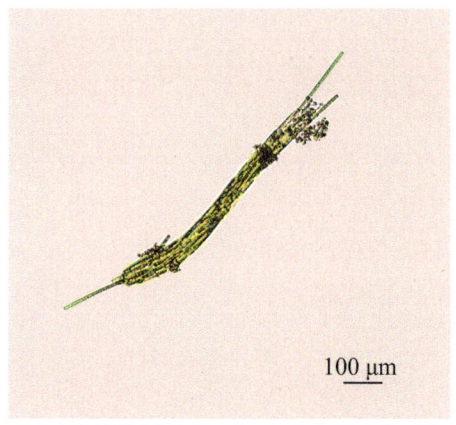

束丝藻属（*Aphanizomenon* sp.）

念珠藻属（*Nostoc*）

藻丝体胶状或革状。幼植物体球形至长圆形，成熟后为球形、叶形、丝状、泡状等各种形状，中空或实心，漂浮或着生，藻丝在群体四周排列紧密而颜色较深，藻丝螺旋形弯曲或缠绕。鞘有时明显，或常相互融合。藻丝念珠状，宽度相等。由相同形状细胞组成，细胞扁球形、桶形、腰鼓形。异形胞间生，幼期顶生。孢子球形或长圆形，在异形胞之间成串产生。

念珠藻（*Nostoc* sp.）

3.2 绿藻门（Chlorophyta）

3.2.1 平藻科（Pedinomonadaceae）

平藻属（*Pedinomonas*）

单细胞，细胞明显纵扁，一侧明显扁平，前端斜截。正面观近圆形、长圆形、椭圆形、卵形等。细胞裸露，仅具细胞膜。细胞前端略偏于一侧，具1条鞭毛，运动时，鞭毛向后，鞭毛基部具1个伸缩泡。色素体镰状，具1个明显蛋白核。

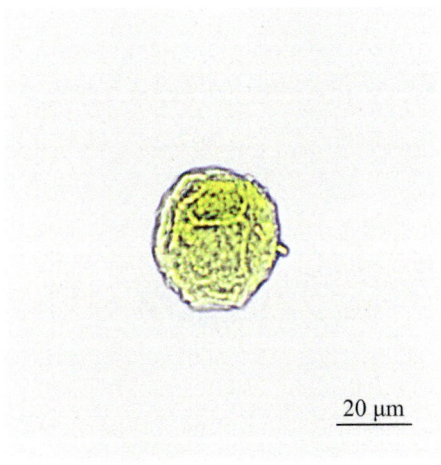

平藻（*Pedinomonas* sp.）

3.2.2 衣藻科（Chlamydomonadaceae）

衣藻属（*Chlamydomonas*）

单细胞，细胞呈球形、卵形、椭圆形或宽纺锤形等，常不纵扁；细胞壁平滑，不具或具有胶被。细胞前端中央具或不具乳头状凸起，具2条等长鞭毛。鞭毛基部具有1个或2个伸缩泡。具有1个大型色素体，多数杯状，少数片状、"H"形或星状等，具1个蛋白核，少数具2个、多个蛋白核。眼点位于细胞的一侧，橘红色。细胞核常位于细胞的中央偏前端，有的位于细胞中部或一侧。

杜氏藻属（*Dunaliella* sp.）

单细胞，卵形、球形、梨形、纺锤形等，顶端多尖细，没有细胞壁，易变形，细胞前端具2条等长的鞭毛，色素体1个，杯状或半球状，蛋白核1个，位于色素体基部。有或无眼点，除生活于低盐度水中的种类外，都没有伸缩泡。细胞内常含有大量胡萝卜素，致细胞呈橘红色。环境不良时，细胞内的结构常为所含的血色素。

本属是盐生藻类，见于许多盐湖、盐池及一些含盐量高于正常的水体中。由细胞的纵分裂进行无性生殖；有时也可产生胞囊。有性生殖为同配；合子萌发时进行减数分裂，并先产生16个动孢子。

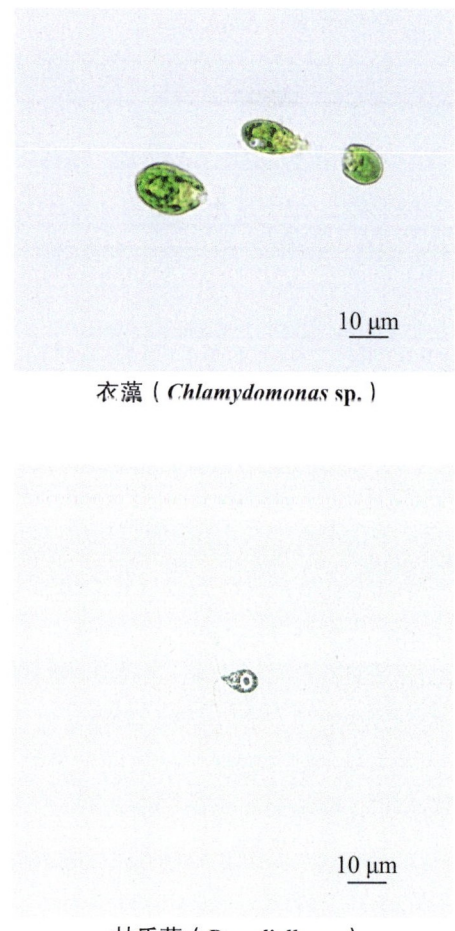

衣藻（*Chlamydomonas* sp.）

杜氏藻（*Dunaliella* sp.）

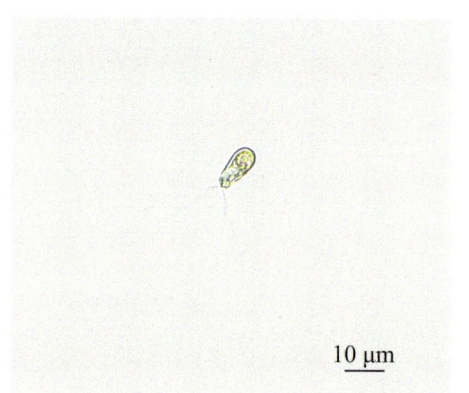

杜氏藻（*Dunaliella* sp.）

空球藻属（*Eudorina*）

植物体为定形群体，群体椭圆形，罕见球形，由8个、16个、32个或64个细胞组成的空心群体，群体具共同胶被。细胞球形，壁薄，排列疏松，色素体杯状，蛋白核1个或多个。

3.2.3 团藻科（**Volvocaceae**）

团藻属（*Volvox*）

定形群体具胶被，球形、卵形或椭圆形，由512个至数万个（50000个）细胞组成。群体细胞彼此分离，排列在无色的群体胶被周边，个体胶被彼此融合或不融合。成熟的群体细胞分化成营养细胞或生殖细胞，群体细胞间具或不具细胞质连丝。成熟的群体常包含若干个幼小的子群体。群体细胞球形、卵形、扁球形、多角形、楔形或星形，前端中央具2条等长的鞭毛，基部具2个伸缩泡，或2～5个不规则分布于细胞近前端。色素体杯状、碗状或盘状，具1个蛋白核。眼点位于细胞近前端一侧。细胞核位于细胞的中央。

实球藻属（*Pandorina*）

定形群体具胶被，球形、短椭圆形，有8个、16个、32个（常为16个）细胞，罕见4个细胞组成。群体细胞彼此紧贴，位于群体中心，细胞间常无空隙，或仅在群体的中心有小的空间。细胞球形、倒卵形或楔形，前端中央具2条等长的鞭毛，基部具2个伸缩泡。色素体多数为杯状，少

10 μm

空球藻（*Eudorina* sp.）

10 μm

美丽团藻（*Volvox aureus*）

10 μm

实球藻（*Pandorina* sp.）

数为块状或长条状，具1个或数个蛋白核和1个眼点。无性生殖时群体内所有的细胞都能进行分裂，每个细胞形成1个似亲群体。有性生殖为同配生殖和异配生殖。

3.2.4 小球藻科（Chlorellaceae）

小球藻属（*Chlorella*）

植物体为单细胞，单生或多个细胞聚集成群，群体中细胞大小很不一致，浮游。细胞球形、椭圆形、纺锤形或新月形等。细胞壁薄或厚，色素体周生，杯状或片状，1个，具1个蛋白核或无。

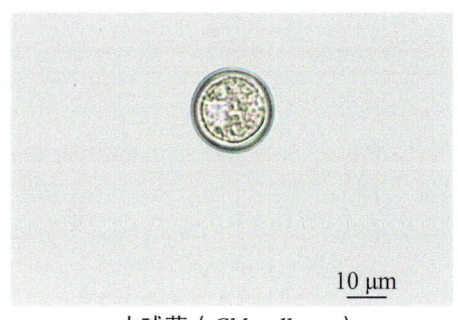

小球藻（*Chlorella* sp.）

小箍藻属（*Trochiscia*）

植物体为单细胞或彼此黏连成小丛，浮游或有时为半气生。细胞球形或近球形，细胞壁厚，具窝孔、小刺、网纹、颗粒、瘤、脊状突起等花纹，成熟细胞具1个至数个盘状、板状的色素体，每个色素体具1个或多个蛋白核。

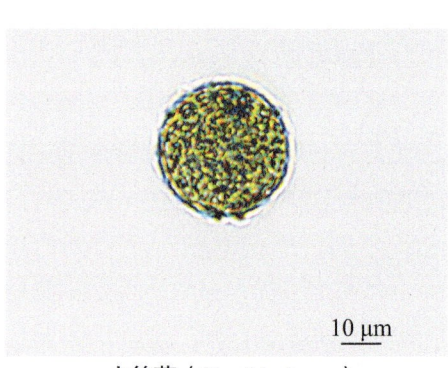

小箍藻（*Trochiscia* sp.）

棘球藻属（*Echinosphaerella*）

植物体为单细胞，浮游，细胞球形，细胞壁表面具有许多分布均匀的、透明的粗长刺，色素体周生，杯状，1个，具1个蛋白核。

纤维藻属（*Ankistrodesmus*）

植物体单细胞，或2个、4个、8个、16个或更多个细胞聚集成群，浮游，罕为附着在基质上。细胞纺锤

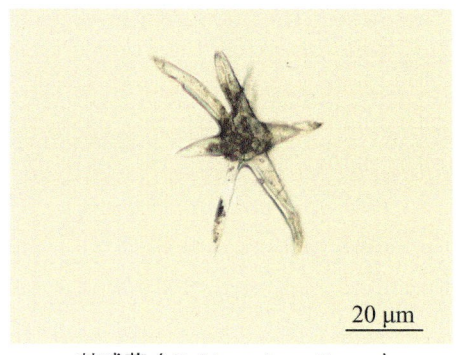

棘球藻（*Echinosphaerella* sp.）

形、针形、弓形、镰形或螺旋形等，直或弯曲，自中央向两端逐渐尖细，末端尖，罕为钝圆，色素体周生，片状，1个，占细胞的绝大部分，有时裂为数片，具1个蛋白核或无。

纤维藻（*Ankistrodesmus* sp.）

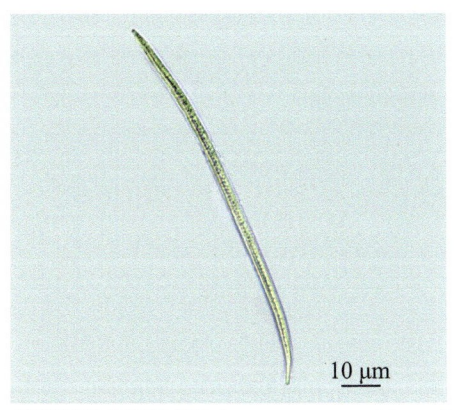
镰形纤维藻奇异变种（*Ankistrodesmus falcatus*）

3.2.5 绿球藻科（Chlorococcaceae）

绿球藻属（*Chlorococcum*）

植物体为单细胞，或聚集成膜状团块或包被在胶质中。细胞球形、近球形或椭圆形，大小很不一致，幼时细胞壁薄，老的细胞常不规则的增厚，并明显分层，色素体在幼细胞时为周生，杯状，1个，具1个蛋白核，随细胞的生长而分散，并充满整个细胞，具数个蛋白核和多数淡粉颗粒，细胞核1个或多个。

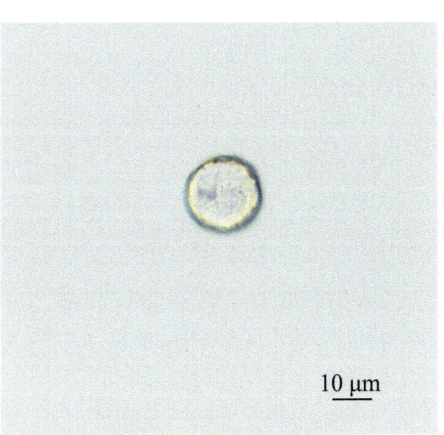
绿球藻（*Chlorococcum* sp.）

3.2.6 网球藻科（Dictyosphaeraceae）

网球藻属（*Dictyosphaerium*）

植物体为原始定形群体，由2个、4个、8个细胞组成，常为4个，有时2个为一组，彼此分离的、以母细胞壁分裂所形成的二分叉或四分叉胶质丝或胶质膜相连，包被在透明的群体胶被内，浮游。细胞球形、卵形、椭圆形或肾形，色素体周生，杯

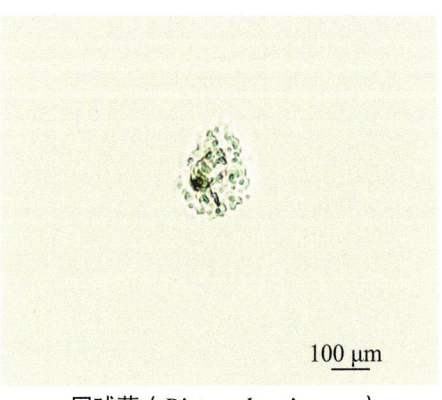
网球藻（*Dictyosphaerium* sp.）

状，1个，具1个蛋白核。

3.2.7 卵囊藻科（Oocystaceae）

卵囊藻属（*Oocystis*）

植物体为单细胞或群体，群体常由2个、4个、8个或16个细胞组成，包被在部分膨大的母细胞壁中。细胞椭圆形、卵形、纺锤形、长圆形、柱状长圆形等，细胞壁平滑，或在细胞两端具短圆锥状增厚，细胞壁扩大和胶化时，圆锥状增厚不胶化，色素体周生，片状、多角形块状、不规则盘状，1个或多个，每个色素体具1个蛋白核或无。

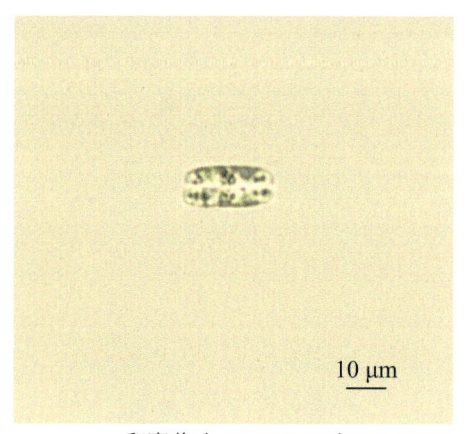

卵囊藻（*Oocystis* sp.）

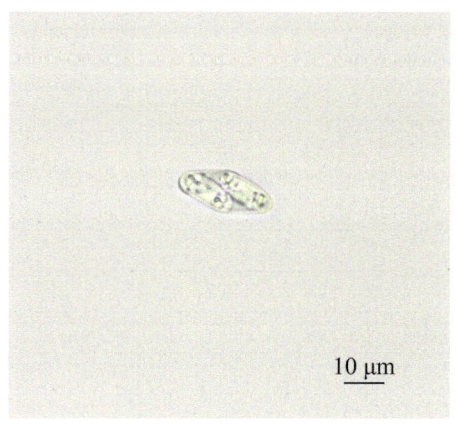

卵囊藻（*Oocystis* sp.）

胶囊藻属（*Gloeocystis*）

植物体为不定形或球形群体，有时为单细胞，通常由2个、4个、8个或更多的细胞为一组包被在无色的群体胶被中，胶被宽和坚硬，有时具层理，浮游或着生。细胞球形、近球形、椭圆形、卵圆形或圆柱形，个体胶被明显分层，罕见不分层的，色素体周生，杯状，常因细胞储存许多淀粉颗粒和油滴使色素体的形状模糊不清，蛋白核1个，某些种类具伸缩泡。

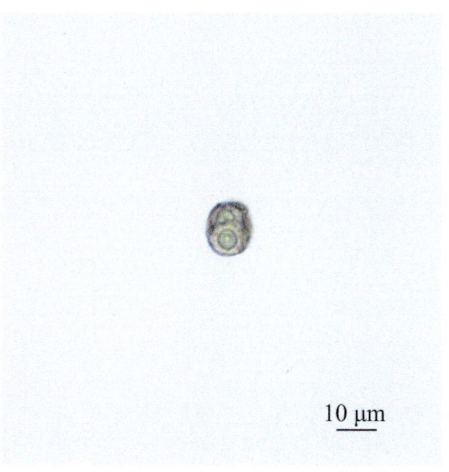

胶囊藻（*Gloeocystis* sp.）

3.2.8 双星藻科（Zygnemataceae）

转板藻属（*Mougeotia*）

藻丝体不分枝，有时产生假根。营养细胞横壁平直。色素体轴生，板状，1个，极少数2个，具多个蛋白核，排列成一行或散生。细胞核位于色素体中间一侧。

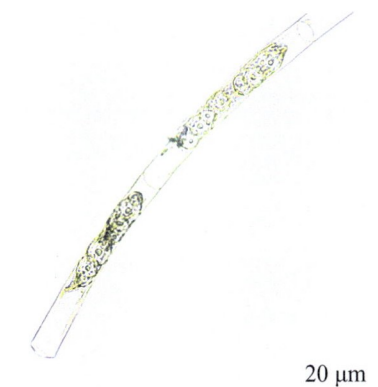

转板藻（*Mougeotia* sp.）

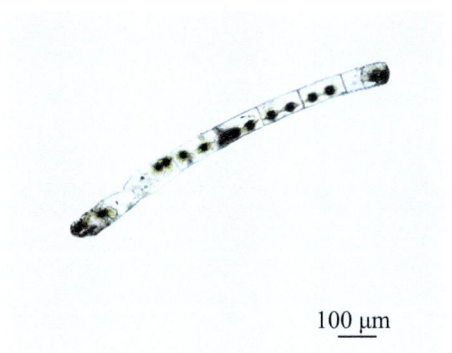

转板藻（*Mougeotia* sp.）

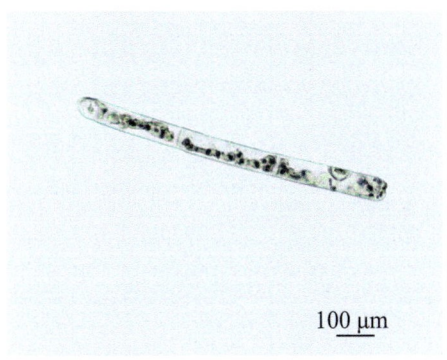

球果转板藻（*Mougeotia sphaerocarpa*）

水绵属（*Spirogyra*）

不分枝的丝状体，营养细胞圆柱形，每个细胞内具1～16条叶绿体，周生，带状，沿细胞壁螺旋盘绕，每条叶绿体具1个蛋白核，每个细胞有1个细胞核。

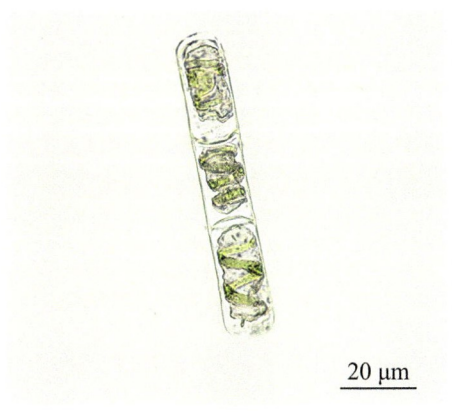

水绵（*Spirogyra* sp.）

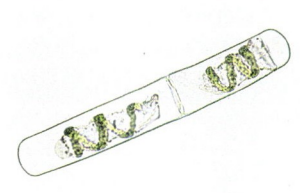

水绵（*Spirogyra* sp.）

3.2.9 小桩藻科（Characiaceae）

弓形藻属（*Schroederia*）

植物体为单细胞，浮游。细胞针形、长纺锤形、新月形、弧曲形和螺旋状，直或弯曲，细胞两端的细胞壁延伸成长刺，刺直或略弯，其末端均为尖形。色素体周生，片状，1个，几乎充满整个细胞，常具1个蛋白核，有时2～3个，细胞核1个，老的细胞可具多个细胞核。

弓形藻（*Schroederia setigera*）

3.2.10 盘星藻科（Pediastraceae）

盘星藻属（*Pediastrum*）

植物体为真性定性群体，由4个、8个、16个、32个、64个、128个细胞排列成为一层细胞厚的扁平盘状、星状群体，群体无穿孔或具穿孔，浮游。群体边缘细胞常具1个、2个、4个突起，有时突起上具长的胶质毛丛，群体边缘内的细胞多角形，细胞壁平滑、具颗粒状、细网纹，幼细胞的色素体周生，圆盘状，1个，具1个蛋白核，随细胞的成长，色素体分散，具1个至多个蛋白核，成熟细胞具1个、2个、4个或8个细胞核。

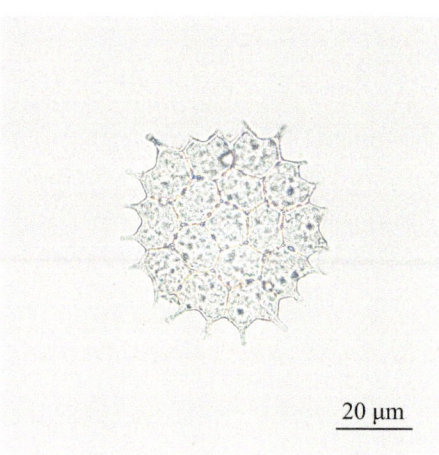

短棘盘星藻（*Pediastrum boryanum*）

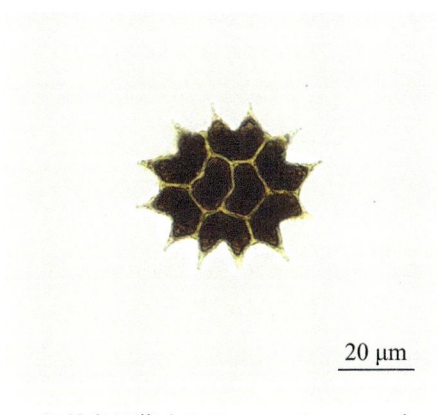

短棘盘星藻（*Pediastrum boryanum*）

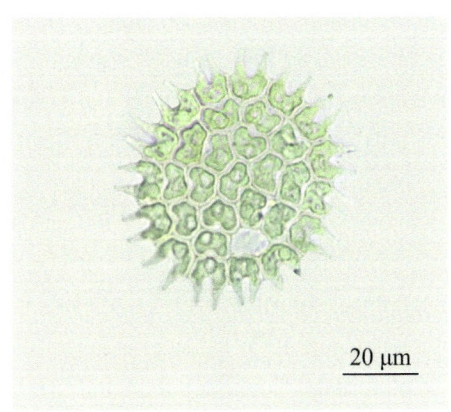

短棘盘星藻（*Pediastrum boryanum*）

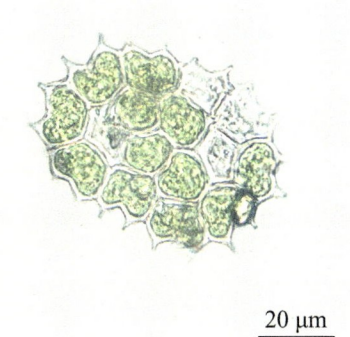

短棘盘星藻（*Pediastrum boryanum*）

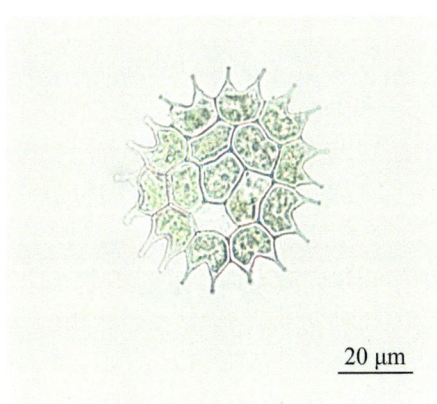

短棘盘星藻（*Pediastrum boryanum*）

3.2.11 鼓藻科（Desmidiaceae）

新月藻属（*Closterium* Nitzsch）

植物体为单细胞，新月形，略弯曲或显著弯曲，少数平直，中部不凹入，腹部中间不膨大或膨大，顶部钝圆、平直圆形、喙状或逐渐尖细。横断面圆形。细胞壁平滑、具纵向的线纹、肋纹或纵向的颗粒，无色或因铁盐沉淀而呈淡褐色或褐色。每个半细胞具1个色素体，由1个或数个纵向脊片组成，

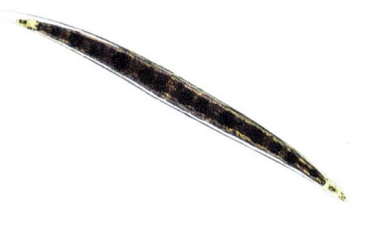

新月藻（*Closterium* sp.）

蛋白核多数，纵向排成一列或不规则散生。细胞两端各具1个液泡，内含1个或多个结晶状体的运动颗粒。细胞核位于两色素体之间细胞的中部。

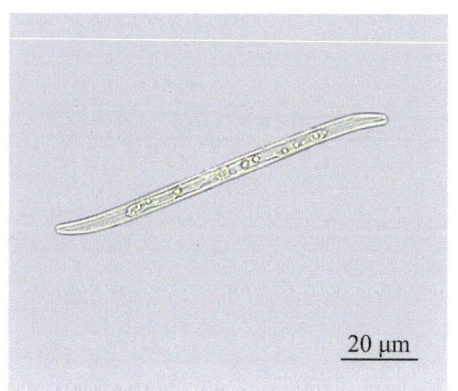

反曲新月藻（*Closterium sigmoideum*）

新月藻（*Closterium* sp.）

鼓藻属（*Cosmarium*）

单细胞，细胞大小变化很大，侧扁，缢缝常深凹入，把1个细胞分为两个对称的半细胞，半细胞正面观近圆形、半圆形、椭圆形、卵形、梯形、长方形、截顶角锥形等，半细胞边缘光滑或具波形，细胞壁平滑，具点纹或圆孔纹，色素体周生或轴生，每半个细胞具1个、2个或4个色素体，每个色素体具1个或多个蛋白核。

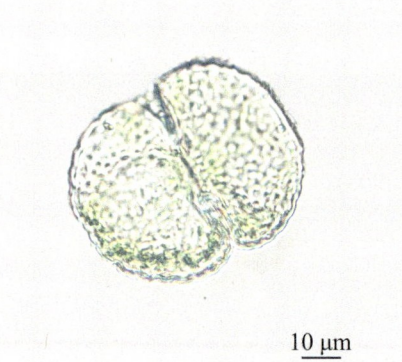

珍珠鼓藻（*Cosmarium margaritatum*）

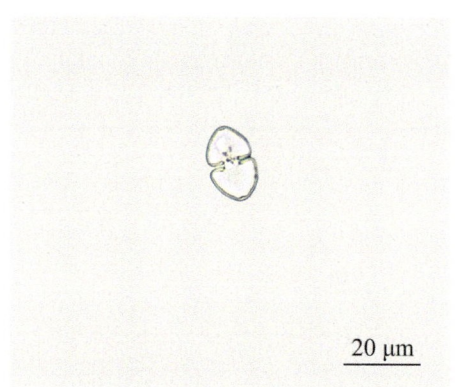

光滑鼓藻（*Cosmarium laeve*）

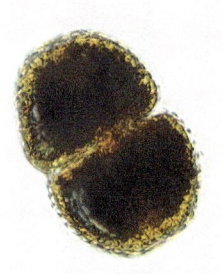

四眼鼓藻（*Cosmarium tetraophalmum*）

· 59 ·

3.2.12 鞘藻科（Oedogoniaceae）

鞘藻属（*Oedogonium*）

植物体不分枝，以基细胞着生于其他物体或漂浮水面，营养细胞圆柱形，在有些种类上端膨大，或两侧呈波状，顶端细胞的末端呈钝圆形、短尖形或变成毛样，叶绿体周生、网状，蛋白核具1至多个。

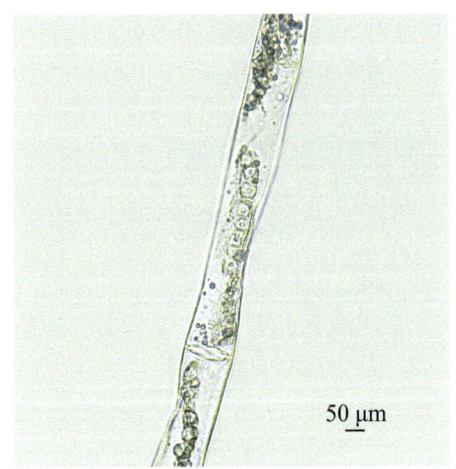

鞘藻（*Oedogonium* sp.）

鞘藻（*Oedogonium* sp.）

鞘藻（*Oedogonium* sp.）

3.2.13 四孢藻科（Tetrasporaceae）

四孢藻属（*Tetraspora*）

植物体或很小，或可大到15cm，是一团无定形或略有定形、其中埋藏有多个细胞的胶团构成的无定形群体；附着于水中某些物体上，或漂浮于水面；细胞多以4个、罕以2个为一组，或分散而不成组，埋藏在胶团之内，胶团或较坚实，或呈水样稀

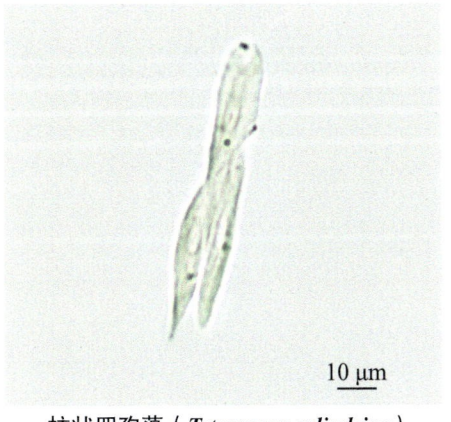

柱状四孢藻（*Tetraspora cylindrica*）

胶；每个细胞外面有1层胶鞘。每个细胞的结构似衣藻，内有1个细胞核、1个内含1到几个蛋白核的杯状色素体；细胞前端多朝向群体的表面，两根鞭毛在大多数种类中都不伸出群体表面，这些鞭毛称为假鞭毛或假纤毛，不能运动。

3.2.14 刚毛藻科（Cladophoraceae）

刚毛藻属（*Cladophora*）

植物体着生，有些种类幼植物体着生，长成后漂浮。分枝丰富，具顶端和基部的分化。分枝为互生型、对生型，或有时为双叉型、三叉型。分枝宽度小于主枝，或至少其顶端略细小。细胞圆柱形或膨大。多数种类壁厚，分层。具多个周生、盘状的色素体和多个蛋白核。

刚毛藻（*Cladophora* sp.）

3.2.15 栅藻科（Scenedesmaceae）

栅藻属（*Scenedesmus*）

真性定型群体，常由4个、8个细胞或有时由2个、16个或32个细胞组成，很少为单个细胞，群体中的各个细胞以其长轴互相平行，其细胞壁彼此连接排列在一个平面上，互相平齐或互相交错，也有排列成上下两列或多列，罕见仅以其末端相连呈屈曲状。细胞椭圆形、卵形、弓形、新月形、纺锤形或长圆形等，细胞壁平滑，或具颗粒、刺、细齿、齿状凸起、隆起线或帽状增厚等构造，色素体周生，片状，1个，具1个蛋白核。

二形栅藻（*Scenedesmus dimorphus*）

四尾栅藻（*Scenedesmus quadricauda*）

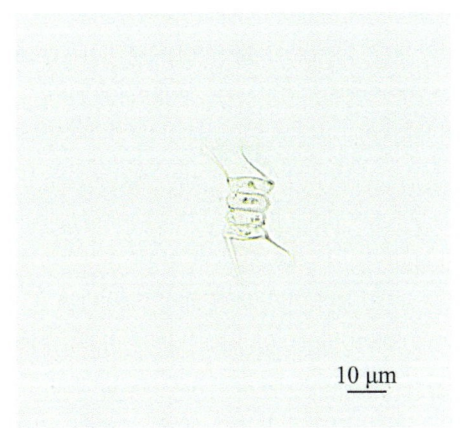

四尾栅藻（*Scenedesmus quadricauda*）

十字藻属（*Crucigenia*）

定形群体，由4个细胞呈十字形排列成椭圆形、卵形、方形或长方形，群体中央常见或大或小的方形空隙，群体具不明显的胶被，子群体常被胶被黏连在一个平面上，细胞梯形、半圆形、椭圆形或三角形，细胞具1个周生、片状色素体，具1个蛋白核。为中污染水体的生物指示物种。

十字藻（*Crucigenia* sp.）

3.2.16 皮襟藻科（Hormotilaceae）

皮襟藻属（*Hormotila*）

植物体为分枝或不分枝的胶群体，群体胶被明显分层，细胞壁胶化形成的胶被增长并逐渐长成柱状，细胞位于它的顶端，细胞分裂后的子细胞以同样方式分泌胶质形成分叉的管状分枝群体。群体细胞球形，色素体周生、片状，老时色素体分散，充满整个细胞，具1～2个蛋白核，细胞内具许多淀粉颗粒。细胞直径3～12μm。

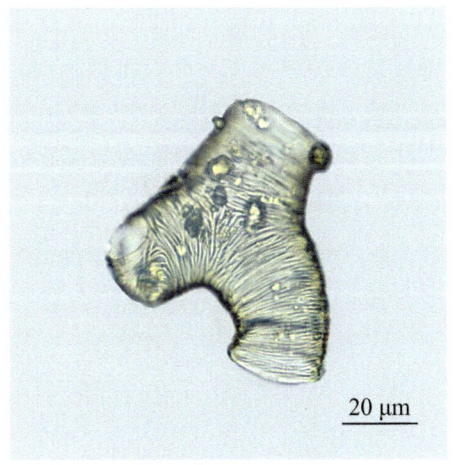

皮襟藻（*Hormotila* sp.）

3.3 硅藻门（Bacillariophyta）

3.3.1 舟形藻科（Naviculaceae）

美壁藻属（*Caloneis*）

植物体为单细胞。壳面线形、狭披针形、线形披针形、椭圆形或提琴形，中部两侧常膨大。壳缝直，具圆形的中央节和极节，壳缝两侧横线纹互相平行，中部略呈放射状，末端有时略斜向极节。壳面侧缘内具1到多条与横线纹垂直交叉的纵线纹。带面长方形，无间生带和隔片。色素体片状，2个，每个具2个蛋白核。

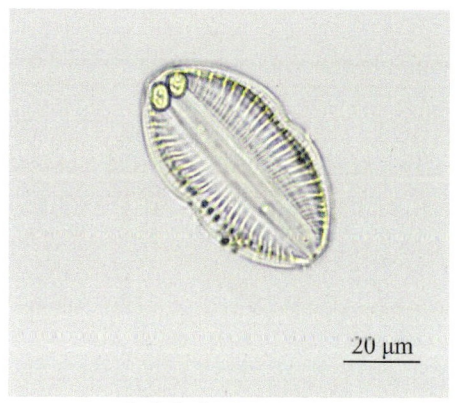

美壁藻（*Caloneis* sp.）

布纹藻属（*Gyrosigma*）

壳面"S"形，从中部向两端逐渐变细，末端渐尖或钝圆，中轴区狭窄，呈"S"形，具中央节和极节，中央节膨大，壳缝呈"S"形弯曲，壳缝两侧具横纹和纵纹十字形交叉形成的布纹。带面披针形，无间生带，色素体2个，片状。

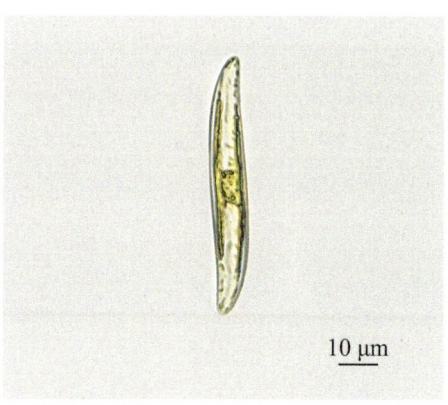

锉刀布纹藻（*Gyrosigma scalproides*）

舟形藻属（*Navicula*）

植物体为单细胞，浮游。壳面线形、披针形、菱形、椭圆形，两侧对称，末端钝圆、近头状或喙状。中央区狭窄、线形或披针形，壳缝线形，具中央节和极节，中央节圆形或椭圆形，有的种类极节扁圆形，壳缝两侧具点纹组成的横线纹，或布纹、肋

舟形藻（*Navicula* sp.）

纹、窝孔纹，一般壳面中间部分的线纹数比两端的线纹数略稀疏，在种类的描述中，10μm内的线纹数指壳面中间部分的线纹数。带面长方形，平滑，无间生带，无真的隔片。色素体片状或带状，多为2个，罕为1个、4个、8个。

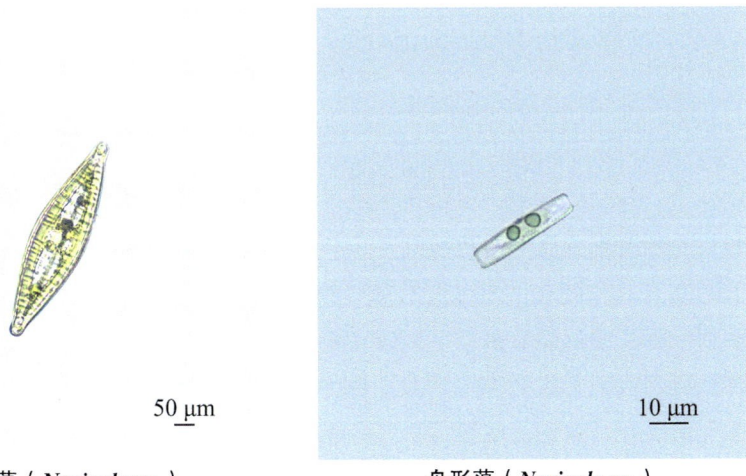

舟形藻（*Navicula* sp.）　　　　　　　　舟形藻（*Navicula* sp.）

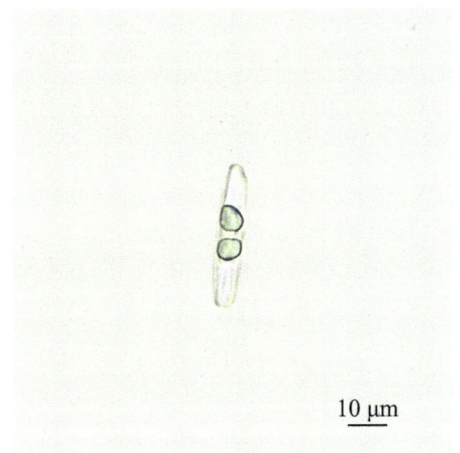 

舟形藻（*Navicula* sp.）　　　　　　　　舟形藻（*Navicula* sp.）

双壁藻属（*Diploneis*）

植物体为单细胞。壳面椭圆形、线形到椭圆形、线形、卵圆形，末端钝圆。壳缝直，壳缝两侧具中央节侧缘延长形成的角状凸起，其外侧具宽或狭的线形到披针形的纵沟，纵沟外侧具横肋纹或由点纹连成的横线纹。带面长方形，无间生带和隔片。色素体片状，2个，每个具一个蛋白核。

❸ 新疆北部主要盐湖常见浮游植物图谱

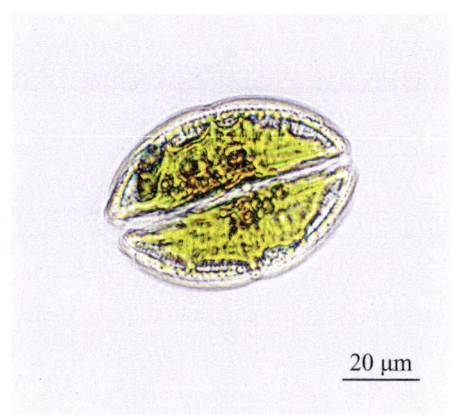

双壁藻（*Diploneis* sp.）

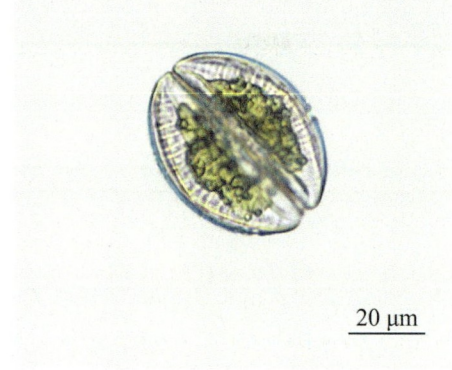

美丽双壁藻（*Diploneis puella*）

羽纹藻属（*Pinnularia*）

植物体为单细胞或连成带状群体，上下左右均对称。壳面线形、椭圆形、披针形、线形披针形、椭圆披针形，两侧平行，少数种类两侧中部膨大或呈对称的波状，两端头状、喙状、末端钝圆。中轴区狭线形、宽线形或宽披针形，有些种类超过壳面宽度的1/3，中央区圆形、椭圆形、菱形、横矩形等，具中央节和极节。壳缝发达，直或弯曲，或构造复杂形成复杂壳缝，其两侧具粗或细的横肋纹，每条肋纹是1条管沟，每条管沟内具1～2个纵隔膜，将管沟隔成2～3个小室，有的种类由于肋纹的纵隔膜形成纵线纹，一般壳面中间部分的横肋纹比两端的横肋纹略微稀疏，在种类的描述中，10μm内的横肋纹数指壳面中间部分的横肋纹数。带面长方形，无间生带和隔片。色素体片状，大，2个，每个具1个蛋白核。

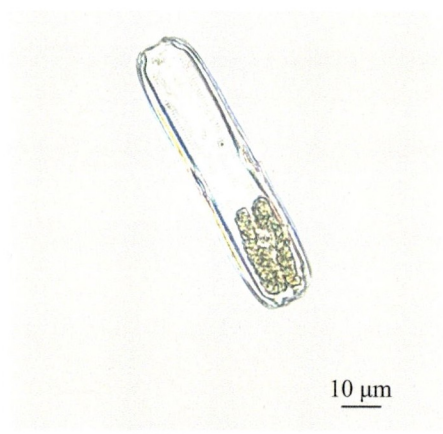

羽纹藻（*Pinnularia* sp.）

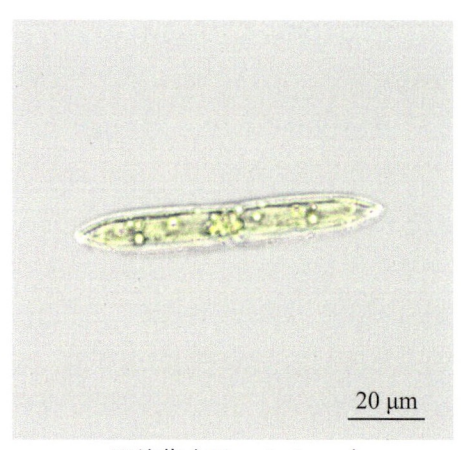

羽纹藻（*Pinnularia* sp.）

· 65 ·

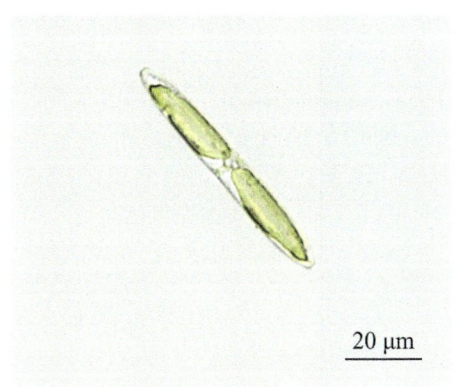

羽纹藻（*Pinnularia* sp.）

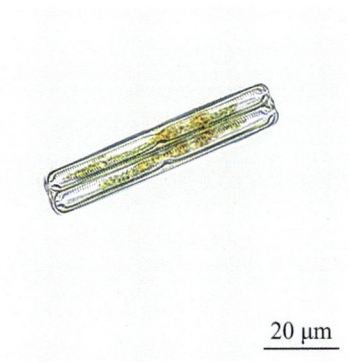

羽纹藻（*Pinnularia* sp.）

3.3.2 曲壳藻科（Achnanthaceae）

曲壳藻属（*Achnanthes*）

植物体为单细胞或以壳面互相连接形成带状或树状群体，以胶柄着生于基质上。壳面线形披针形、线形椭圆形、椭圆形、菱形披针形，上壳面凸出或略凸出，具假壳缝，下壳面凹入或略凹入，具典型壳缝，中央节明显，极节不明显，壳缝和假壳缝两侧的横线纹或点纹相似，或一壳面横线纹平行，另一壳面横线纹呈放射状。带面纵长弯曲，呈膝曲状或弧形。色素体片状，1~2个，或小盘状，多数。

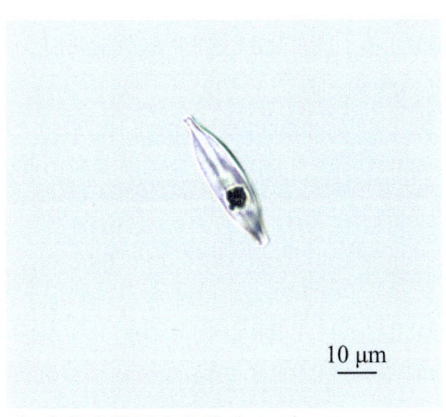

短小曲壳藻异壳变种（*Achnanthes exigua* var. *heterovalvata*）

弯楔藻属（*Rhoicosphenia*）

植物体以细胞狭的一端连接在分枝的胶质柄的顶端，附着在丝状藻类和高等水生植物上。壳面棒形、长卵形，壳面上下两端不对称，上壳面仅具上下两端发育不完全的短壳缝，无中央节和极节，其两侧的横线纹较细，下壳面具壳缝，具中央节和极

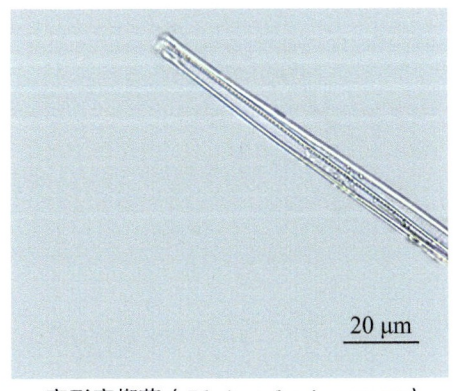

弯形弯楔藻（*Rhoicosphenia curvata*）

节，两侧的横线纹略呈放射状。带面楔形，呈纵长弧形弯曲，具2个与壳面平而等宽的、但比壳面略短的纵隔膜。色素体片状，1个。

3.3.3 双菱藻科（Surirellaceae）

波缘藻属（*Cymatopleura*）

植物体为单细胞，浮游。壳面椭圆形、纺锤形、披针形或线形，呈横向上下波状起伏，上下两个壳面的整个壳缘由龙骨及翼状构造围绕，龙骨突起上具管壳缝，管壳缝通过翼沟与壳体内部相联系，翼沟间以膜相联系，构成中间间隙，壳面具粗的横肋纹，有时肋纹很短，使壳缘呈串珠状，肋纹间具横贯壳面细的横线纹，横线纹明显或不明显。壳体无间生带，无隔膜，面带矩形、楔形，两侧具明显的波状褶皱。色素体片状，1个。

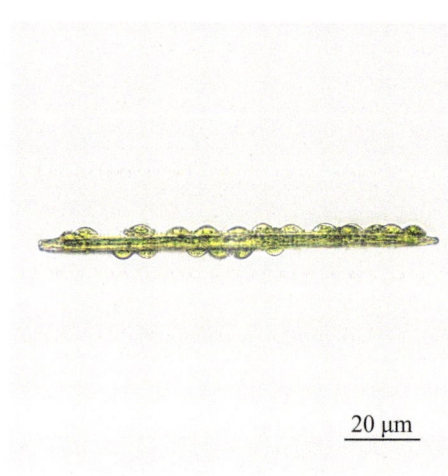

波缘藻（*Cymatopleura* sp.）

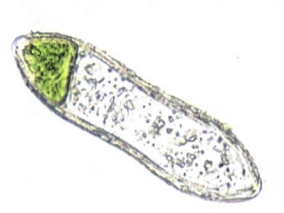

波缘藻（*Cymatopleura* sp.）

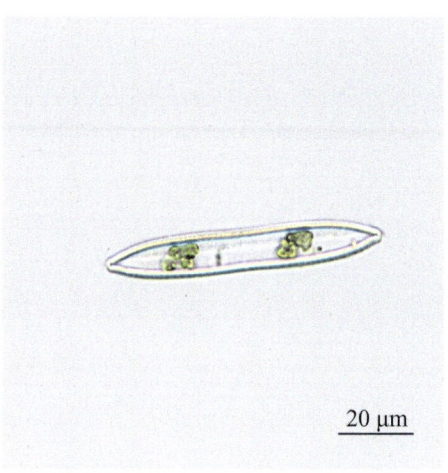

草鞋波缘藻（*Cymatopleura solea*）

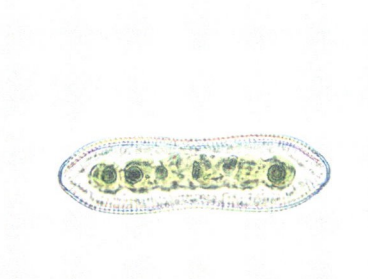

10 μm　　　　　　　　　　　　　　20 μm

波缘藻（*Cymatopleura* sp.）　　　波缘藻（*Cymatopleura* sp.）

双菱藻属（*Surirella*）

植物体为单细胞，浮游。壳面线形、椭圆形、卵圆形、披针形，平直或螺旋状扭曲，中部缢缩或不缢缩，两端同形或异形，上下两个壳面的龙骨及翼状构造围绕整个壳缘，龙骨上具管壳缝，在翼沟内的管壳缝通过翼沟与细胞内部相联系，管壳缝内壁具龙骨点，翼沟通称肋纹，横肋纹或长或短，肋纹间具明显或不明显的横线纹，横贯壳面，壳面中部具明显或不明显的线形或披针形空隙。带面具矩形或楔形。色素体侧生，片状，1个。

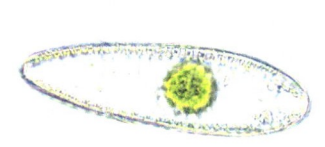
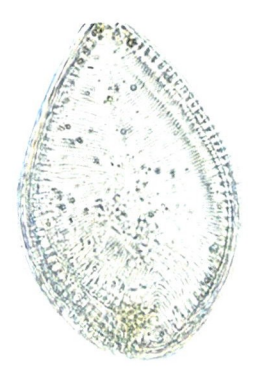

20 μm　　　　　　　　　　　　　　10 μm

双菱藻（*Surirella* sp.）　　　布列双菱藻（*Surirella brebissonii*）

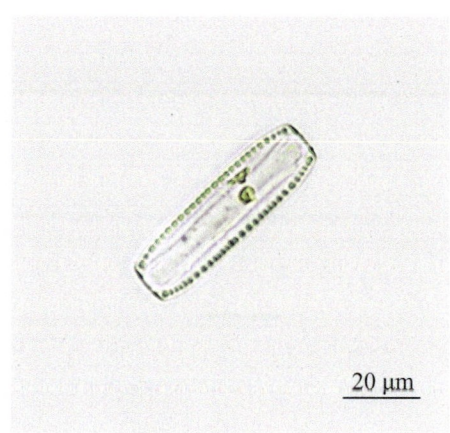

双菱藻（*Surirella* sp.）

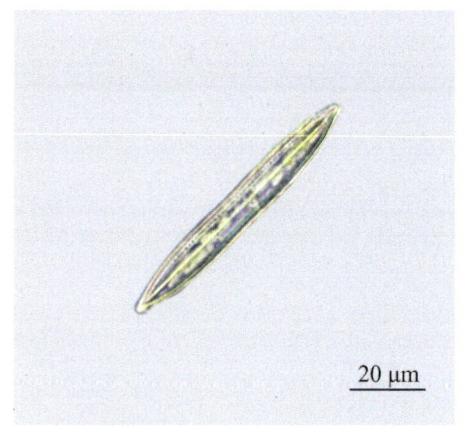

线性双菱藻变种（*Surirella linearis*）

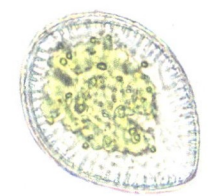

卵形双菱藻（*Surirella ovalis*）

端毛双菱藻（*Surirella caoronii*）

3.3.4 窗纹藻科（Epithemiaceae）

窗纹藻属（*Epithemia*）

植物体为单细胞，浮游或附着在基质上。壳面略弯曲，弓形、新月形，左右两侧不对称，有背侧和腹侧之分，背侧凸出，腹侧凹入或近于平直，末端钝圆或近头状，腹侧中部具1条"V"形管壳缝，管壳缝内壁具多个圆形小孔通入细胞内，具中央节和极节，但在光学显微镜下不易看到，壳面内壁具横向平行的隔膜，构成壳面的横肋纹，两条横肋纹之间具2列或2列以上与肋纹平行的横点纹或窝孔状的窝孔纹，有些种类在壳面和带面结合处具1纵长的隔膜。带面长方形。色素体侧生，片状，1个。

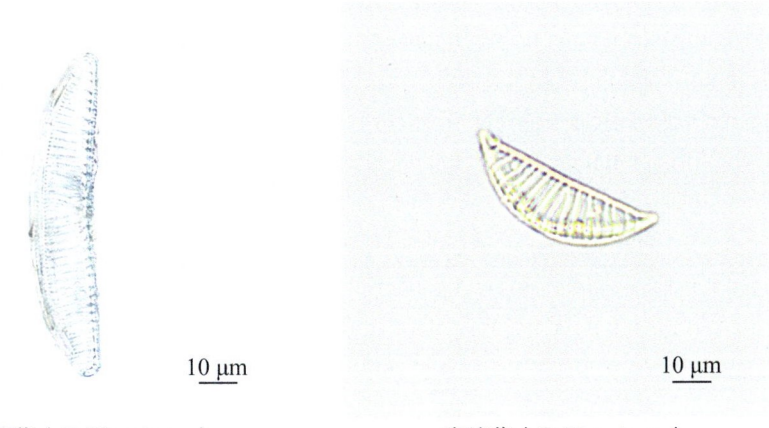

窗纹藻（*Epithemia* sp.）　　　　　　窗纹藻（*Epithemia* sp.）

3.3.5 菱形藻科（Nitzschiaceae）

菱形藻属（*Nitzschia*）

植物体多为单细胞，或形成带状或星状的群体，或生活在分枝或不分枝的胶质管中，浮游或附着。细胞纵长，直或"S"形，壳面线形、披针形、罕为椭圆形，两侧边缘缢缩或不缢缩，两端渐尖或钝，末端楔形、喙状、头状、尖圆形。壳面的一侧具龙骨突起，龙骨突起上具管壳缝，管壳缝内壁具许多通入细胞内的小孔，称"龙骨点"，龙骨点明显，上下两个壳的龙骨突起彼此交叉相对，具小的中央节和极节，壳面具横线纹。细胞壳面和带面不成直角，因此横断面呈菱形。色素体侧生，带状，2个，少数4～6个。

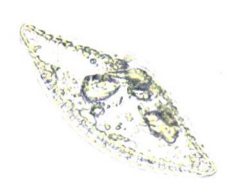

菱形藻（*Nitzschia* sp.）

❸ 新疆北部主要盐湖常见浮游植物图谱

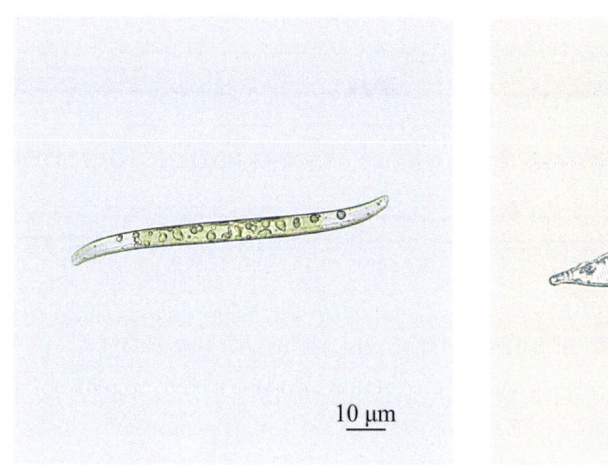

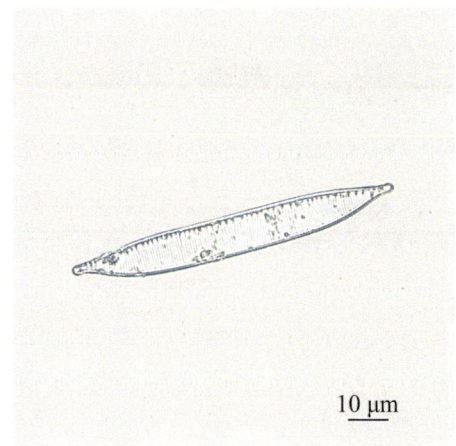

菱形藻（*Nitzschia* sp.）

棍形藻属（*Bacillaria*）

藻体细胞短棍状，末端平截。壳面细长方形。相邻细胞借壳面连成可以滑动的细胞链。色素体小，颗粒状，多数。

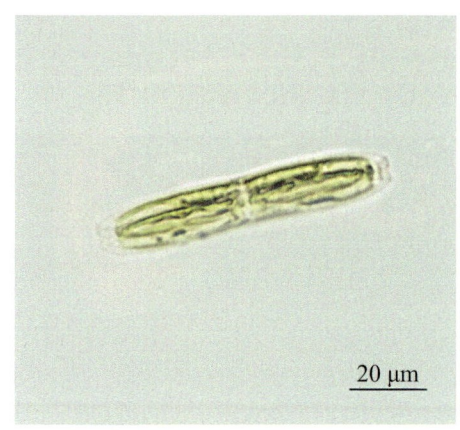

派格棍形藻（*Bacillaria paxillifera*）

马鞍藻属（*Campylodiscus*）

壳面圆形或近圆形，呈90°扭曲，沿顶轴方向凸起，横轴方向凹入，线纹双排或多排，线纹由筛状孔或小圆孔组成，具龙骨，龙骨突起，小肋状。观察角度不同可呈三角形或"V"形，色素体1个，片状。

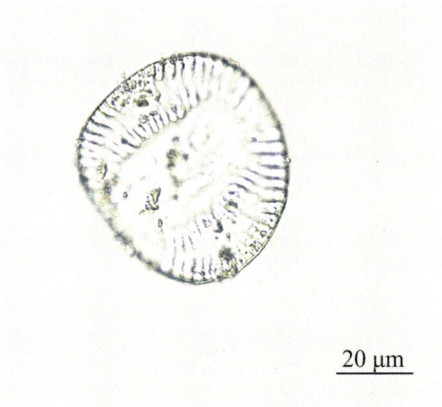

马鞍藻（*Campylodiscus* sp.）

· 71 ·

3.3.6 脆杆藻科（Fragilariaceae）

针杆藻属（*Synedra*）

植物体为单细胞，或丛生呈扇形，或以每个细胞的一端相连成放射状群体，罕见形成短带状，但不形成长的带状群体。壳面线形或长披针形，从中部向两端逐渐狭窄，末端钝圆或呈小头状。假壳缝狭，线形，其两侧具横线纹或点纹，壳面中部常无花纹。带面长方形，末端截形，具明显的线纹带。无间插带和隔膜。壳面末端有或无黏液孔（胶质孔）。色素体带状，位于细胞两侧、片状，2个，每个色素体常具3到多个蛋白核。

针杆藻（*Synedra* sp.）

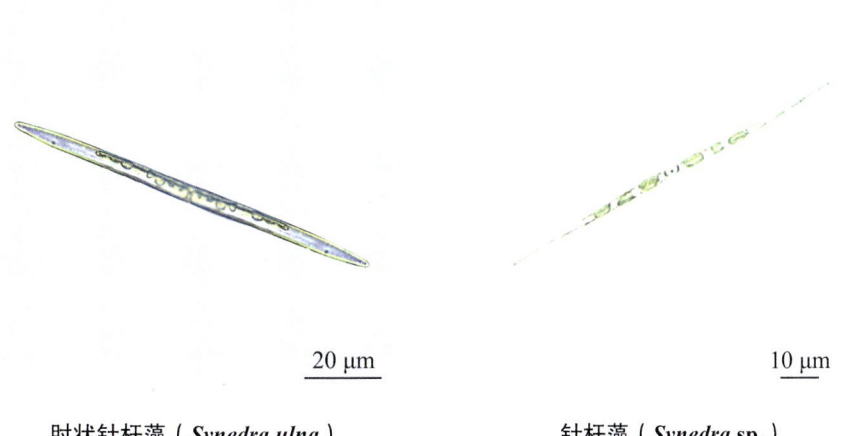

肘状针杆藻（*Synedra ulna*）　　　针杆藻（*Synedra* sp.）

脆杆藻属（*Fragilaria*）

植物体由细胞互相连成带状群体，或以每个细胞的一端相连呈"Z"状群体。壳面细长线形、长披针形、披针形到椭圆形，两侧对称，中部边缘略膨大或缢缩，两侧逐渐狭窄，末端钝圆、小头状、喙状。上下壳的假壳缝狭线形或宽披针形，其两侧具横点状线纹。带面长方形，无间生带和隔膜，但某些海生或咸水种具间生带。色素体小盘状或等片状，多个。

20 μm

中型脆杆藻（*Fragilaria intermedia*）

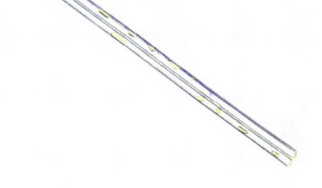

20 μm

脆杆藻（*Fragilaria sp.*）

等片藻属（*Diatoma*）

植物体由细胞连成带状、"Z"形或星形的群体。壳面线性到椭圆形、椭圆披针形或披针形，有的种类两端略膨大。假壳缝狭窄，两侧具细横线纹或肋纹，黏液孔（唇形突）很清楚。带面长方形，具1到多个间生带、无隔膜。色素体椭圆形，多数。

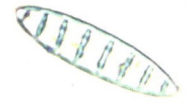

10 μm

等片藻（*Diatoma sp.*）

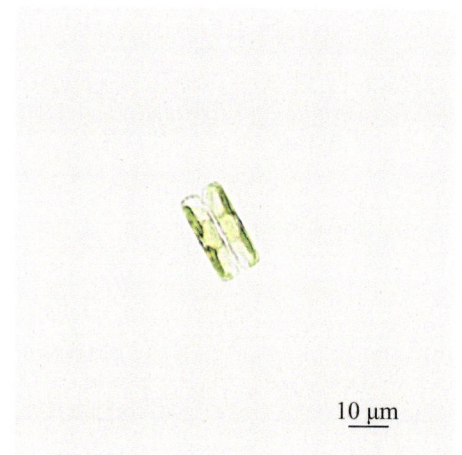

10 μm

等片藻（*Diatoma sp.*）

10 μm

3.3.7 圆筛藻科（Coscinodiscaceae）

直链藻属（*Melosira*）

植物体由细胞的壳面互相连成链状群体，多为浮游。细胞圆柱形，绝少数圆盘形、椭圆形或球形。壳面圆形，极少数为椭圆形，平或凸起，有或无纹饰，有的带面常有1条线形环状缢缩，称"环沟"，环沟间平滑，其余部分平滑或具纹饰，有2条环沟时，两条环沟间的部分称"颈部"，细胞间有沟状的缢入部，称"假环沟"，壳面常有棘或刺。色素体小圆盘状，多个。

直链藻（*Melosira* sp.）

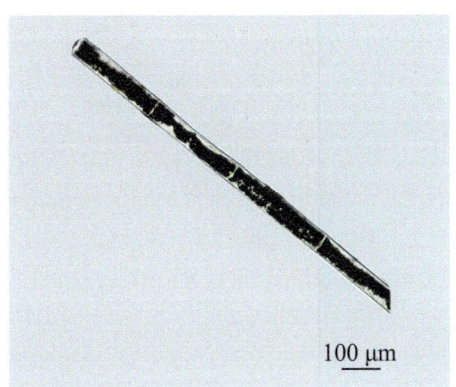

颗粒直链藻最窄变种（*Melosira granulata*）

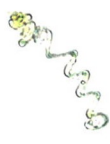

直链藻（*Melosira* sp.）

小环藻属（*Cyclotella*）

植物体为单细胞或由胶质或小棘连接成疏松的链状群体，多为浮游。细胞鼓形，亮面圆形，很少为椭圆形，呈同心圆褶皱的同心波曲，或与切线平行褶皱的切向波曲，很少平直。纹饰具边缘区和中央区之分，边缘区具辐射状线纹或肋纹，中央区平滑或具点纹、斑纹，部分种类壳缘具

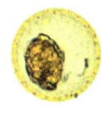

小环藻（*Cyclotella* sp.）

小棘。少数种类带面具间生带。色素体小盘状，多个。

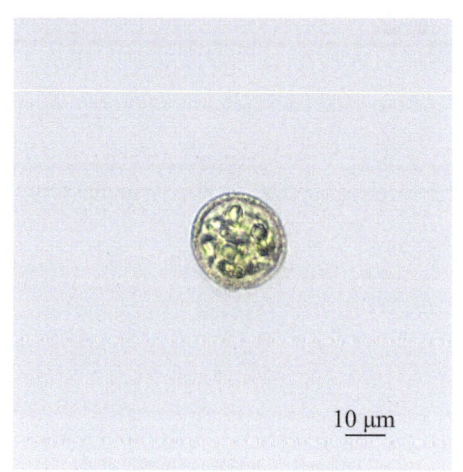

具星小环藻（*Cyclotella stelligera*）

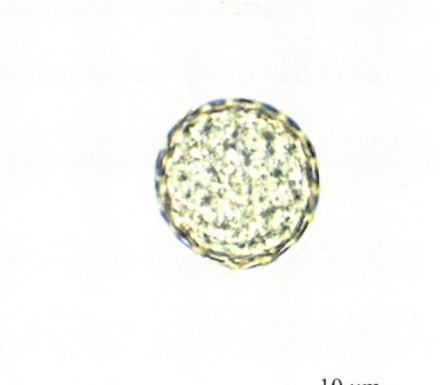

广缘小环藻（*Cyclotella bodanica*）

冠盘藻属（*Stephanodiscus*）

植物体为单细胞或连成链状群体，浮游。细胞圆盘形、少数为鼓形、柱形。壳面圆形，平坦或呈同心波曲。壳面纹饰为成束辐射状排列的网孔，在电镜下称"室孔"，其内壳面具筛膜，壳面边缘处每束网孔为2～5列，向中部成为单列，在中央排列不规则或形成玫瑰纹区，网孔束之间具辐射无纹区（或称肋纹），每条辐射无纹区或相隔几条辐射无纹区在壳套处的末端具一短刺，在电镜下可见在刺的下方有支持突，有时在壳面上也有支持突，壳面支持突的数目超过1个时，排为规则或不规则的一轮，唇形突1个或数个。带面平滑具少数间生带。色素体小盘状，数个，较大而呈不规则形状的仅1～2个。

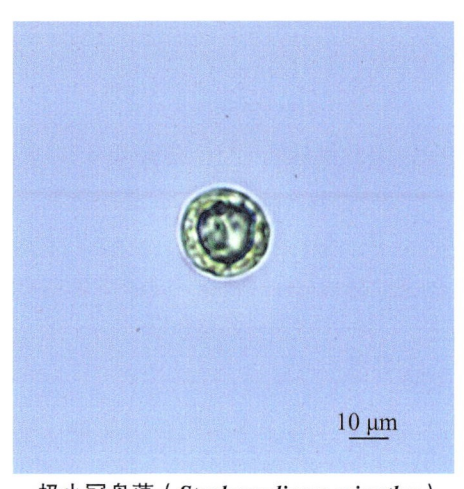

极小冠盘藻（*Stephanodiscus minutlus*）

圆筛藻属（*Coscinodiscus*）

植物体为单细胞，浮游。壳体圆盘形或短圆柱形，常具环形或领形的间生带，贯壳轴短。壳面圆形，极少为椭圆形或不规则形，平坦或突起呈表玻璃状或于中央略凹入或同心波曲，很少切向波曲。壳面纹饰为呈辐射状排列的粗网孔纹，一般为六角形排列成的紧密网孔，有的网孔的室壁粗厚，在光学显微镜下呈现中孔而使网孔呈圆形。粗网孔在壳面呈辐射状排列、螺旋列的、弯曲的切线列的，很少为不规则的，中央的粗网孔有时特别粗大，排列似玫瑰花形，称中央玫瑰纹区，有的中央平滑，称中央无纹区，如果中央无纹区较小而成为裂隙，壳缘具小刺及辐射列的线纹，有的具不对称的真孔，能分泌胶质使细胞附着。色素体小盘状或小片状，多个。

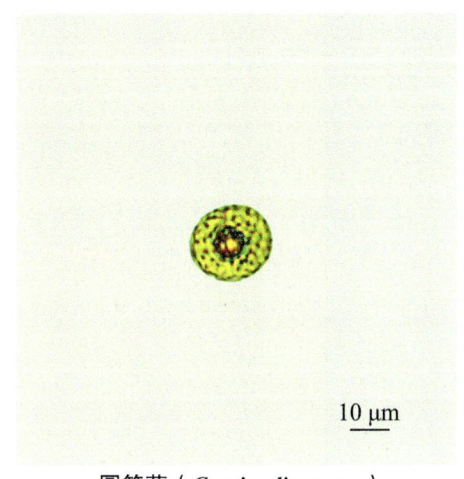

圆筛藻（*Coscinodiscus* sp.）

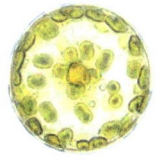

圆筛藻（*Coscinodiscus* sp.）

海链藻属（*Thalassiosira*）

植物体由胶质丝连成链或包被于原生质分泌的胶质块中而形成不定形群体，极少为单细胞。壳体鼓形到圆柱形，带面常见领状的间生带。壳面圆形，表面凸起、平坦或凹入，其上的网孔六角形或多角形，呈直线、辐射状、束状、辐射螺旋状或不规则排列，孔纹内层有具小穴的筛板。色素体小盘状或小片状，多个。

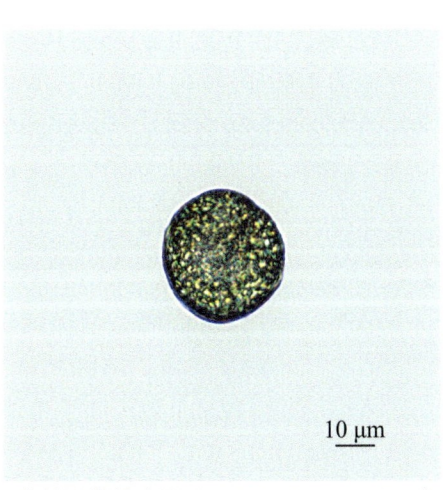

布拉马海链（*Thalassiosira bramaputrae*）

3.3.8 眼纹藻科（Eupodiscaceae）

半盘藻属（*Hemidiscus*）

细胞橘瓣形或近半球形，断面楔形。壳面半月形。壳套不明显。细胞壁薄或厚。壳面上孔纹细致，呈辐射状排列，通常略呈束状。壳缘生一圈唇形突。壳面腹缘中部有的种有一个伪结节，中央有或无纹区。色素体多个，小颗粒状。

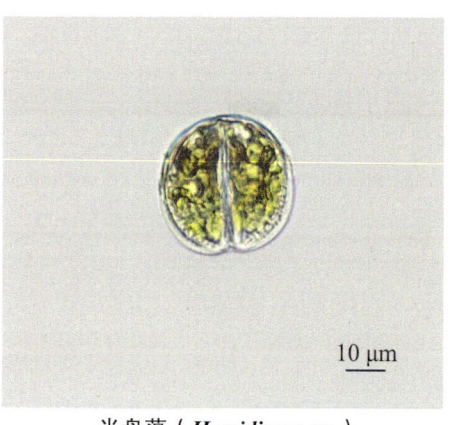

半盘藻（*Hemidiscus* sp.）

3.3.9 桥弯藻科（Cymbellaceae）

双眉藻属（*Amphora*）

植物体多数为单细胞，浮游或着生。壳面两侧不对称，明显有背腹之分，新月形、镰刀形，末端钝圆形或两端延长呈头状。中轴区明显偏于腹侧一侧，具中央节和极节。壳缝略弯曲，其两侧具横线纹。带面椭圆形，末端截形，间生带由点连成长线状，无隔膜。色素体侧生片状，1个、2个或4个。

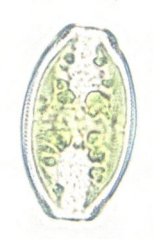

卵圆双眉藻（*Amphora ovalis*）

桥弯藻属（*Cymbella*）

植物体为单细胞，或为分枝或不分枝的群体，浮游或着生，着生种类细胞位于短胶柄质柄的顶端或在分枝或不分枝的胶质管中。壳面两侧不对称，有明显的背腹之分，背侧突出，腹侧平直或中间略突出或略凹入，新月形、线形、半椭圆形、半披针形、舟形、菱形、披针形，末端钝圆或渐尖。中轴区两侧略不对称，具中央节和极节。壳缝略弯曲，少数近直，其两侧具横线纹，一般壳面中间部分的横线纹比近两端的横线纹略微稀疏，在种类的描述中，10 μm 内的横线纹数指壳面中间部分的横线纹数。带面长方形，两侧平行，无间生带和隔膜。色素体侧生，片状，1个。

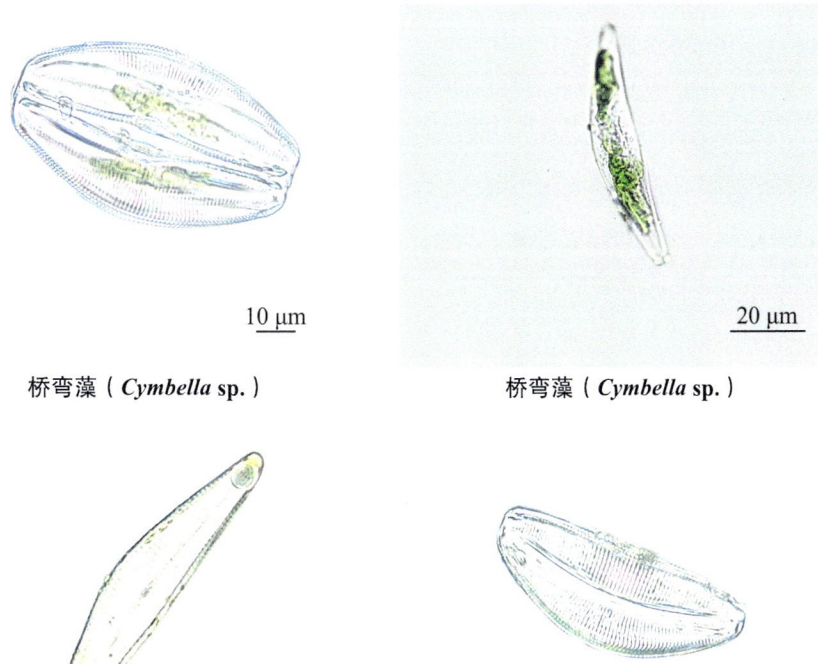

10 μm	20 μm
桥弯藻（*Cymbella* sp.）	桥弯藻（*Cymbella* sp.）
10 μm	10 μm
新月形桥弯藻（*Cymbella cymbiformis*）	平卧桥弯藻（*Cymbella prostrate*）

3.3.10 异极藻科（Gomphonemaceae）

双楔藻属（*Didymosphenia*）

植物体为单细胞，或为不分枝或分枝的树状群体，细胞位于分枝胶质柄的顶端，以胶质柄着生于基质上。壳面上下两端与左右两侧均不对称，前端宽于末端，棒形、楔形，末端钝圆或渐尖。中轴区两侧对称，中央区腹侧具1到数个单独的点纹，具中央节和极节。壳缝两侧具明显由点纹组成的横线纹，中部长短横线纹交互排列。带面楔形，无间生带及隔膜。色素体侧生，片状，1个。

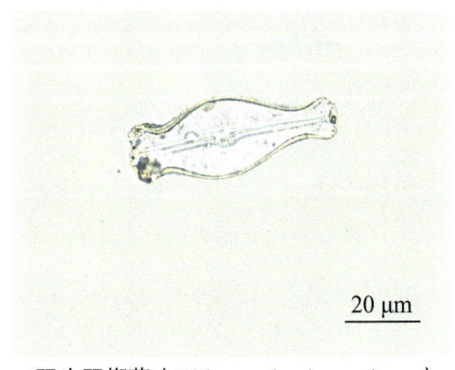

20 μm

双生双楔藻（*Didymosphenia geminata*）

3.4 褐藻门（Phaeophyta）

3.4.1 石皮藻科（Lithodermataceae）

石皮藻属（*Lithoderma*）

植物体黑绿色，薄皮壳状，以下层细胞固着在其他物体上，每个细胞具数个小盘状色素体。生殖细胞从植物体表面产生，单室孢子囊为卵形或球形，多室孢子囊为长圆形或椭圆形。

层状石皮藻（*Lithoderma zonatum*）

3.4.2 裸藻科（Euglenaceae）

裸藻属（*Euglena*）

细胞形状能变，多为纺锤形或圆柱形，横切面圆形或椭圆形，后端多少延伸尾状或具尾刺。表面柔软或半硬化，具螺旋形旋转排列的线纹。色素体1个至多个，呈星形、盾形或盘形，蛋白核有或无。副淀粉粒呈小颗粒状，数量不等；或为定形大颗粒，2个至多个。细胞核较大，中位或后位。鞭毛单条。眼点明显。多数具明显的裸藻状蠕动，少数不明显。

裸藻（*Euglena* sp.）

绿色裸藻（*Euglena viridis*）

裸藻（*Euglena* sp.）

囊裸藻属（*Trachelomonas*）

细胞外具囊壳，囊壳球形、卵形、椭圆形、圆柱形或纺锤形等。囊壳表面光滑或具点纹、孔纹、颗粒、网纹、棘刺等纹饰。囊壳无色，由于铁质沉淀而呈黄色、橙色或褐色，透明或不透明。囊壳的前端具一圆形鞭毛孔，有或无领，有或无环状加厚圈。囊壳内的原生质体裸露无壁，其他特征与裸藻属相似。

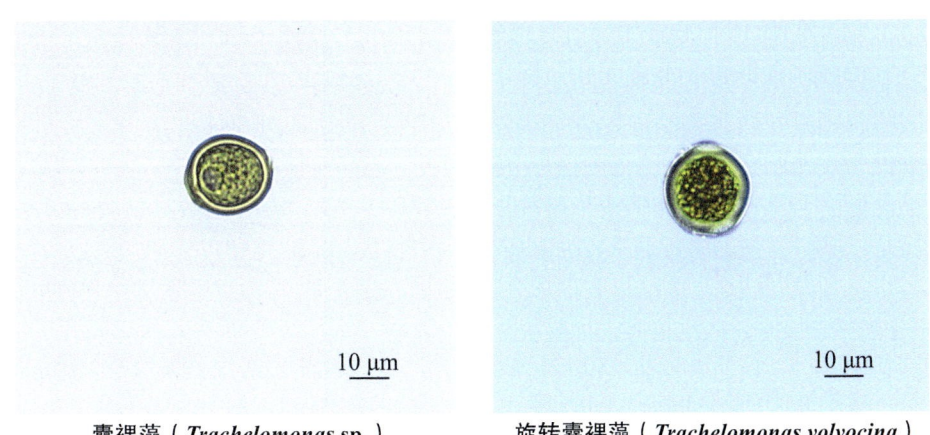

囊裸藻（*Trachelomonas* sp.）　　　　旋转囊裸藻（*Trachelomonas volvocina*）

3.4.3 双鞭藻科（Eutreptiaceae）

多形藻属（*Distigma*）

细胞形状易变，罕见较固定，常呈纺锤形。表质具线纹，有的不明显，难以看到。副淀粉粒多数，呈较小颗粒。鞭毛两条，游泳鞭毛长，伸展向前；拖曳鞭毛短，弯向一侧。核中位。

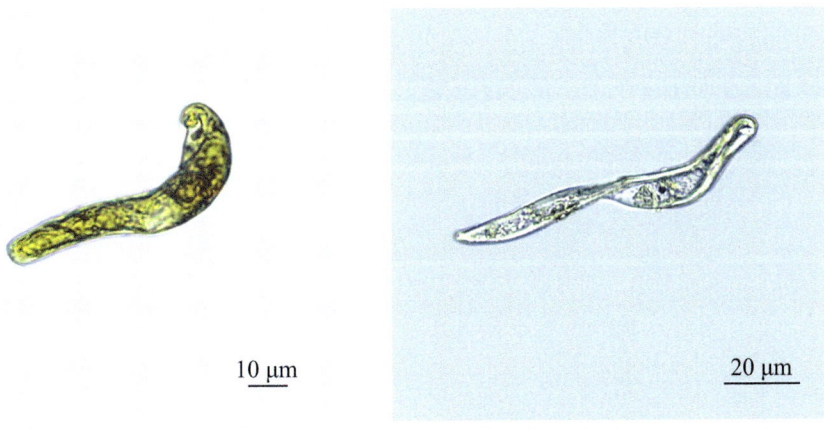

多形藻（*Distigma* sp.）　　　　尖细多形藻（*Distigma acutum*）

3.4.4 袋鞭藻科（Peranemaceae）

袋鞭藻属（*Peranema*）

细胞活跃变形，在游动时形状较为稳定。表质具线纹，多数螺旋形，少数几乎成纵向。副淀粉粒小，多少不定。鞭毛2条，游泳鞭毛粗长，伸向前方，仅端部呈波状颤动；拖拽鞭毛短于体长，由于紧贴细胞表面而不易看到。伸缩泡1至多个。杆状器明显，位于"泡—沟"附近。核明显，中位或偏后位。无色素体。

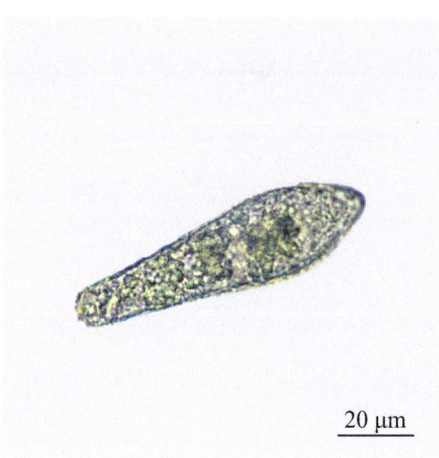

20 μm

三角袋鞭藻（*Peranema trichophorum*）

3.5 金藻门（Chrysophyta）

3.5.1 锥囊藻科（Dinobryonaceae）

锥囊藻属（*Dinobryon*）

植物体为树状或丛状群体，浮游或着生。细胞具圆锥形、钟形或圆柱形囊壳，前端呈圆形或喇叭状开口，后端锥形，透明或黄褐色，表面平滑或具波纹。细胞纺锤形、卵形或圆锥形，基部以细胞质短柄附着于囊壳的底部，前端具2条不等长的鞭毛，长的1条伸出在囊壳开口处，短的1条在囊壳开口内，伸缩泡1到多个，眼点1个，色素体周生，片状，1～2个，光合作用产物为金藻昆布糖，常为1个大的球状体，位于细胞的后端。

50 μm

锥囊藻（*Dinobryon* sp.）

3.5.2 鱼鳞藻科（Mallomonadaceae）

鱼鳞藻属（*Mallomonas*）

植物体为单细胞，自由运动。细胞球形、卵形、椭圆形、长圆形、圆柱形、纺锤形等，硅质鳞片有规则地相叠成覆瓦状或螺旋状排列在表质上，细胞前部称领部鳞片，细胞中部称体部鳞片，细胞后部称尾部鳞片，绝大多数种类的每个鳞片由圆拱形盖、盾片和凸缘3部分组成，硅质鳞片具刺毛或无刺毛，用光学显微镜观察，细胞前端具1条鞭毛，具3到多个伸缩泡，色素体周生，片状，2个，无眼点，同化产物为金藻昆布糖和油滴，金藻昆布糖多位于细胞基部，呈球形，细胞核1个。鳞片和刺毛的形状和结构，特别是它们的亚显微结构特征是分种的主要依据。

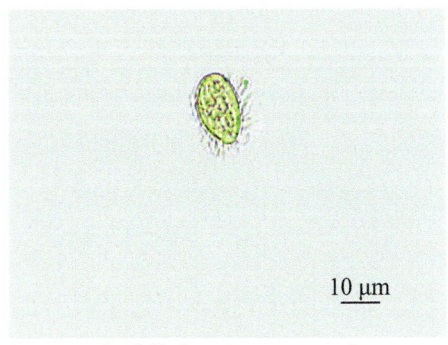

鱼鳞藻（*Mallomonas* sp.）

3.6 甲藻门（Dinophyceae）

裸甲藻科（Peridiniales）

裸甲藻属（*Gymnodinium*）

细胞卵形到近圆球形，有时具小突起，大多数近两侧对称。细胞前（上）后（下）两端钝圆或顶端钝圆末端狭窄，上锥部和下锥部大小相等，或者上锥部较大或者下锥部较大。多数背腹扁平，少数显著扁平。横沟明显，通常环绕细胞一周，常为左旋，右旋罕见，纵沟或深或浅，长度不等，有的仅位于下锥部，多数种类略向上锥部延伸。上壳面无龙骨凸起，细胞裸露或具薄壁，薄壁由许多相同的六角形的小片组成。细胞表面多数为平滑的，罕见具条纹、沟纹或纵肋纹的。

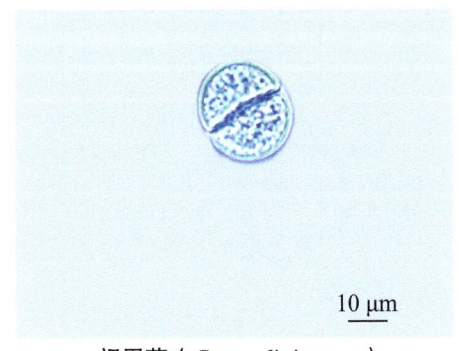

裸甲藻（*Gymnodinium* sp.）

色素体多个，金黄色、绿色、褐色或蓝色，盘状或棒状，周生或辐射排列，有的种类无色素体。具眼点或无。有的种类有胶被。

多甲藻属（*Peridinium*）

单细胞，细胞常为球形、椭圆形到卵形，罕见多角形，略扁平，纵沟、横沟显著，横沟多位于中间略下部分，多为环状，也有左旋或右旋的，沟边缘有时具有刺状或乳状突起，上部较长而狭，下部短而宽，板片光滑或具花纹，色素体多数颗粒状，周生，部分种类具蛋白核。

多甲藻（*Peridinium* sp.）

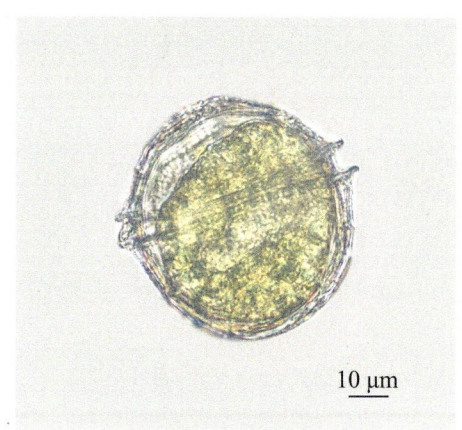

多甲藻（*Peridinium* sp.）

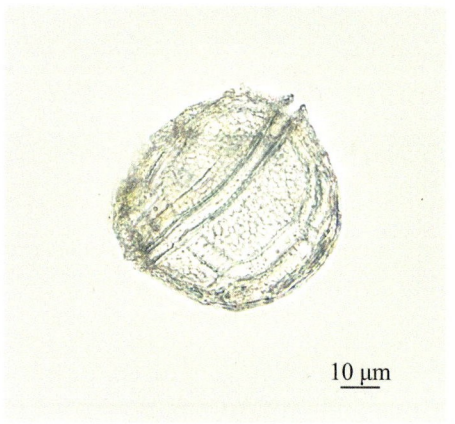

多甲藻（*Peridinium* sp.）

角甲藻属（*Ceratium*）

单细胞或偶尔连接成群体，明显不对称，细胞具1个顶角，2～3个底角，顶角末端具顶孔，底角末端开口或封闭，横沟位于细胞中央，环状或略呈螺旋状，色素体多数，眼点有或无。

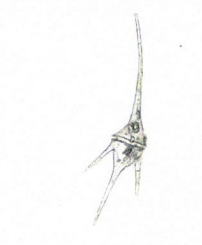

角甲藻（*Ceratium* sp.）

3.7 隐藻门（Cryptophyta）

隐藻科（Cryptomonadaceae）

隐藻属（*Cryptomonas*）

细胞卵圆形，豆形，卵形，圆锥形，纺锤形，"S"形。背腹扁平，背部明显隆起，腹部平直或略凹入。多数种类横断面呈椭圆形，少数种类呈圆形或显著的扁平。细胞前端钝圆或为斜截形，后端为或宽或狭的钝圆形。具明显的口沟，位于腹侧。鞭毛2条，自口沟伸出，鞭毛通常短于细胞长度。具刺丝泡或无。液泡1个，位于细胞前端。色素体2个（有时1个），位于背侧或腹侧或位于细胞的两侧面，黄绿色或黄褐色或有时为红色，多数具1个蛋白核，也有具2～4个的，或无蛋白核。单个细胞核，在细胞后端。

卵形隐藻（*Cryptomonas ovata*）

3.8 黄藻门（Xanthophyta）

拟气球藻科（Botrydiopsidaceae）

拟气球藻属（*Botrydiopsis*）

植物体单细胞，群生。细胞球形，幼细胞直径8～10μm，生长在潮湿土壤表层上，直径25～50μm，有时可达70μm。色素体2至多个，周生，盘状。

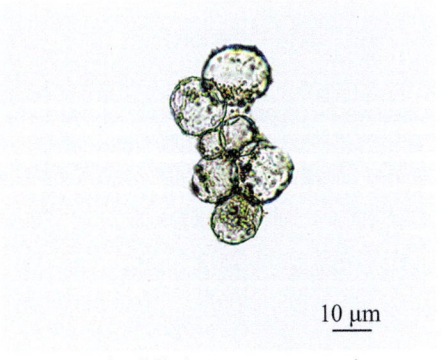

拟气球藻（*Botrydiopsis* sp.）

葡萄藻属（*Botryococcus*）

不定形群体，细胞椭圆形、卵形或楔形，常2个或4个为一组，群体具胶被，色素体1个，杯状或叶状，蛋白核1个。

10 μm

葡萄藻（*Botryococcus* sp.）

4 新疆北部主要盐湖常见浮游动物图谱

4.1 原生动物门（Protozoa）

原生动物门种类约有 30000 种，是最原始、最简单、最低等的生物。形态各异，体长 2μm～7cm，均为单细胞动物。原生动物是单细胞，细胞内有特化的各种细胞器，具有维持生命和延续后代所必需的一切功能，如行动、营养、呼吸、排泄和生殖等。每个原生动物都是一个完整的有机体。

4.1.1 肉足虫纲（Sarcodina）

多卓变虫属（*Polychaos*）

体表无坚韧的表膜，细胞膜纤薄，细胞质透明，可明显区分为内质和外质两部分，原生质层流动使身体表面生出无定形的指状或叶状突起伪足，伪足几乎等长，没有优势的伪足。伪足伸展时，与基部相连，体形呈掌状。伪足叶片状或圆柱状，顶端有钝圆的透明帽。有时伪足扁平，并在顶端变阔。行动快时可变为单伪足，而体呈蛞蝓状。核颗粒状。伸缩泡 1 个，在后部。

无恒多卓变虫（*Polychaos dubium*）

表壳虫属（*Arcalla*）

细胞体被膜状透明的几丁质外壳，壳表面光滑或有穿孔的、蜂窝状的麻点，壳色随日龄由无色变为淡黄色、棕色，以至深褐色。背腹面观圆形，有时有角或呈星状，壳口在腹面中央，不同程度凹陷于壳内，伪足由壳孔伸出，侧面观时背面平坦、半球形或具凸起。原生质体位于壳的中央，伪足钝指状，核通常2个，伸缩泡数个。

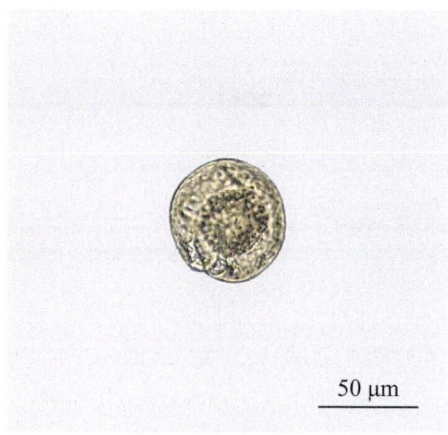

表壳虫（*Arcalla* sp.）

匣壳虫属（*Centropyxis*）

细胞体的壳内层是几丁质内膜，外层覆盖一层它生质体，它生质体包括沙粒、石英颗粒、硅藻残壳等无机矿物粒。壳多为盘状或亚球状，壳口偏离中心，呈圆形、椭圆形或叶形等。侧面观壳背通常在壳口处呈扁平状，向后有不同高度的隆起。部分种类壳延伸为刺，刺位于壳口后端、两侧或背部。一般壳呈灰色或黑色，有时也呈棕色或深棕色。胞质无色，伪足指状。

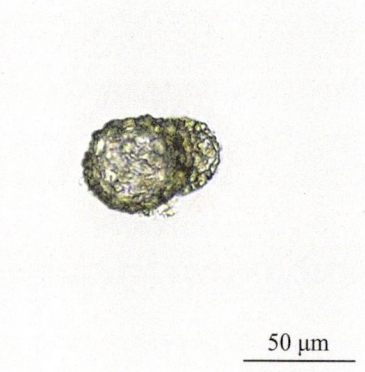

旋匣壳虫（*Centropyxis aerophila*）

葫芦虫属（*Cucurbitella*）

细胞体的壳由几丁质内膜和它生质体外层共同构成，外壳覆盖为矿物裂片。壳由本体和颈两部分组成，分界明显，壳体呈球形或卵形。颈位于壳体主轴上，颈部短小，亦称为领。领边缘呈波浪形，有3～10个瓣片。壳口位于壳体和颈的交接处，圆形。口缘齿状或星状，口的直径比领的直径小。细胞体壳不侧扁，横切面呈圆形，原生质内有细胞核1个，伸缩泡

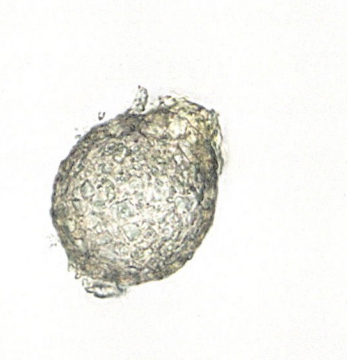

杂葫芦虫（*Cucurbitella mespiliformis*）

1至多个，伪足呈指状。

砂壳虫属（*Difflugia*）

细胞体的壳除有几丁质内膜外，外层黏附由它生质体如矿物质、砂质、岩屑、硅藻空壳等颗粒构成的表层，外壳粗糙且不透明。细胞体形状多变，如梨状、球状等，有的具向上延伸形成的颈或向下延伸形成的尾。横切面多为圆形，壳口位于壳体顶端，不侧偏，壳口边缘有的光滑，有的呈齿状或叶片状。胞质占壳腔的大部分，常用的原生质线固着于壳的内壁上。核多1个，伸缩泡1至多个，伪足指状，2～6个。

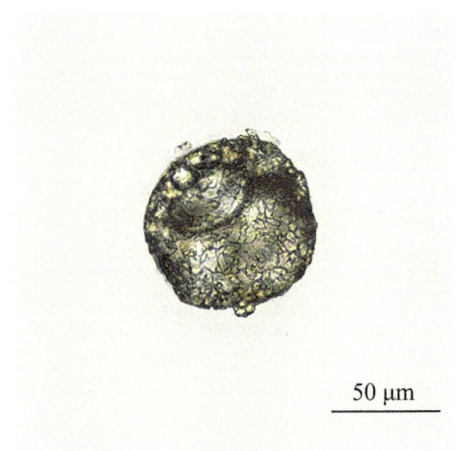

球砂壳虫（*Difflugia globulosa*）

长圆砂壳虫（*Difflugia oblonga*）

曲颈虫属（*Cyphoderia*）

细胞体具硬质的几丁质外壳，壳光滑而透明，常呈黄色或棕色，其外覆盖圆形、卵圆形、六角形的板片，排列成斜行。有的种类板片呈叠鳞状，有的则不重叠。壳前部呈曲颈状弯曲，不会变形，横切面呈圆形或三角形，壳口斜位于前端，常呈圆形。原生质占壳腔的大部分，具1个大的核，位于后部。1～2个伸缩泡，伪足数个，呈线状，较长且具有简单的分枝。

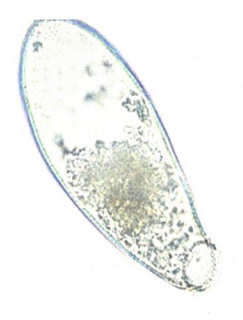

坛状曲颈虫（*Cyphoderia ampulla*）

孔锤虫属（*Clathrulina*）

外包圆形或多边形，透明或随日龄而呈黄色和深褐色。包壁上有很多排列规则的、相当大的穿孔。外包有柄，有时柄会折断。原生质在外包中央未充满整个外包。伪足多，柔，无轴，直或分叉，颗粒化。核1个，位于中央。1个或多个伸缩泡。外包直径 60～90μm，孔径 6～10μm。柄是中空的，为外包直径的 2～4 倍。单个或群体。

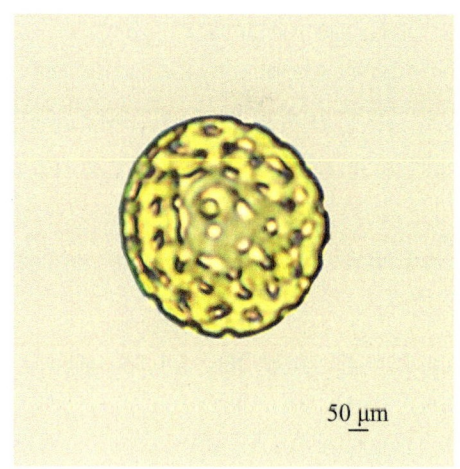

孔锤虫（*Clathrulina* sp.）

4.1.2 纤毛虫纲（Ciliata）

单镰虫属（*Drepanononas*）

虫体很小而扁平，呈卵圆形、新月形。有些种类两端十分尖削。外质硬化，具龙骨肋脊。胞在左缘中部凹穴处。腹面有3行纤毛，其中2行在中间断裂，背面有2行纤毛或少量分散的纤毛。在口凹的左面有少量纤毛或膜。大核1个，在中部。伸缩泡2个，前后并列在一起。

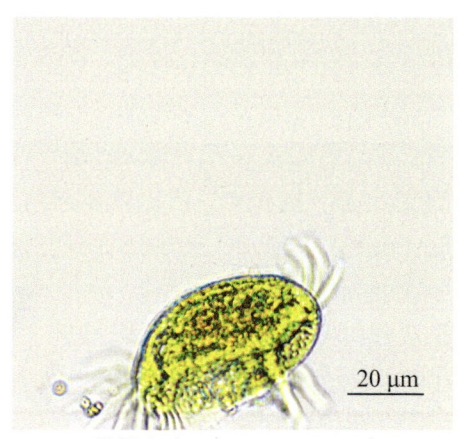

单镰虫（*Drepanononas* sp.）

斜管虫属（*Chilodonella*）

斜管虫属种类很多，常活动在无脊椎动物的身体上。呈椭圆形或卵圆形，前端左缘有吻突，腹部扁平，背面前端扁平，整体略突出，仅腹面有纤毛，胞口位于腹面前半部，口前接缝线伸向左前角。以口为界，腹纤毛分为左、右两部。胞咽由刺杆组成"篮咽"。胞口的前额右方有一排小膜。大核1个，圆形或椭圆形，在体

斜管虫（*Chilodonella* sp.）

中部或后部，伸缩泡2至多个。

拟铃壳虫属（*Tintinnopsis*）

拟铃壳虫属鞘为几丁质，呈筒形、杯形或碗形，有颈或无颈，鞘壁上沙粒紧密，鞘末封闭，虫体以末端附于鞘底，虫体可从鞘内游离出来。

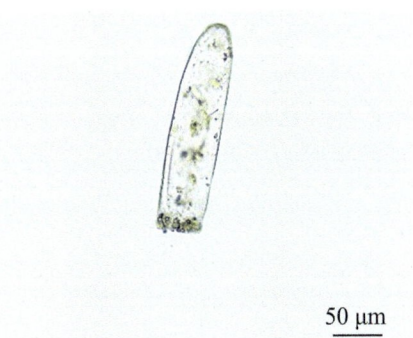

似铃壳虫（*Tintinnopsis* sp.）

4.2 轮虫动物门（Rotifera）

旋轮虫属（*Philodina*）

眼点1对，总是位于背触手之后的脑的背面，比较大一些而且显著。两眼点之间的距离也比较宽。整个身体特别是躯干部分，比轮虫属短而粗壮。躯干和足之间有明确的界限，可以把二者区别开来。吻比较短而阔。足末端的趾有4个。齿的形式一般为2/2。是卵生不是胎生。

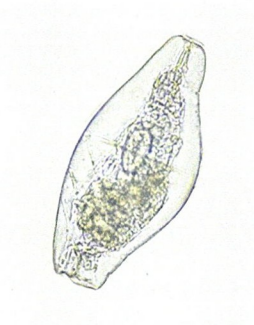

旋轮虫（*Philodina* sp.）

狭甲轮虫属（*Colurella*）

体型比较小，头部最前端具有能伸缩的钩状小甲片。足3～4节。被甲由左右两片侧甲片在背面愈合在一起而成，腹面则或多或少开裂，并具有显著的裂缝。左右甲片总是侧扁，从背腹面观就显得很狭。从侧面观被甲前端浑圆，或少许瘦削而倾向尖锐化，后端极少浑圆，大多数向后瘦削比较突出，使最后形成一尖角。头部最前端总有一掩盖头冠的钩状小甲片，也是本属的一个主要特征，当个体游动时，这一小甲片张开在前面，如同一顶伞。甲轮虫具有一定的游泳能力，但生活方式仍以底栖为主。

狭甲轮虫（*Colurella* sp.）

臂尾轮虫属（*Brachionus*）

足长，有环纹可伸缩，呈蠕虫样。身体壮实，前端有2个、4个或6个棘，后端浑圆，角状或具1～2个棘。足孔有棘刺或无棘刺。

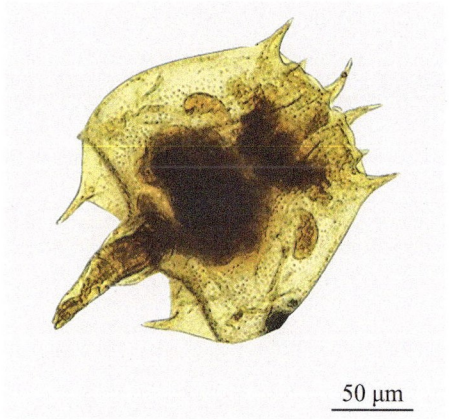

臂尾轮虫（*Brachionus* sp.）

冠鳞轮虫属（*Squatinella*）

足短，1～4节，无环纹。被甲或多或少呈圆柱形。头部顶端具有明显的半圆形盾状的冠甲（头鞘）。末端具3个后刺。

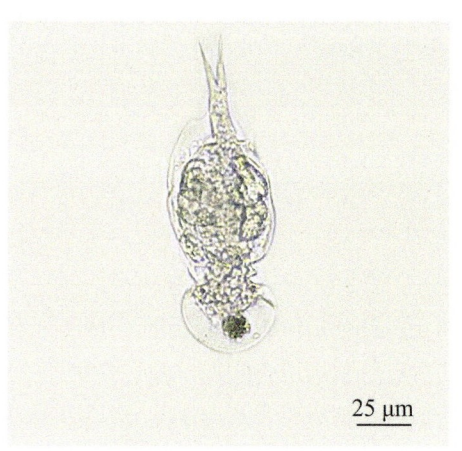

冠鳞轮虫（*Squatinella* sp.）

异尾轮虫属（*Trichocerca*）

头部无冠甲，被甲平直或拱起，有或无龙骨和前棘。1～2个趾，常不相等，针形，互相之间扭在一起，趾常有1根或几根刚毛。

异尾轮虫（*Trichocerca* sp.）

腔轮虫属（*Lecane*）

种类多样，被甲轮廓一般呈卵圆形、圆形或长圆形，背腹面扁平。整个被甲系一片背甲及一片腹甲在两侧和后端，为柔韧的薄膜联结在一起而形成。两侧和后端就有侧沟及后侧沟的存在。足很短，一共分成2节，只有后面一节能动。2个趾，趾比较长。

腔轮虫（*Lecane* sp.）

单趾轮虫属（*Monostyla*）

与腔轮虫属形态结构基本相似，但趾为单趾。

单趾轮虫（*Monostyla* sp.）

皱甲轮虫属（*Ploesoma*）

被甲1块，呈卵圆形、梨形，有或无龙骨及侧突起。被甲前端开口狭，半圆形。足孔很深，足有3～4节，但仅末端和趾伸出被甲之外，趾2个，或短或长，尖角状。2个侧眼。

皱甲轮虫（*Ploesoma* sp.）

巨头轮虫属（*Cephalodella*）

种类较多，身体呈圆筒形、纺锤形或近似菱形。躯干部分通常皆为薄而柔韧光滑的皮甲所围裹。头和躯干之间有紧缩的颈圈，躯干和足之间的界限不十分明显。头冠除一圈普通的围顶纤毛外，在两侧各有一束很密且较长的纤毛，作为浮游时的行动工具。口周围很少具备纤毛，上下唇

巨头轮虫（*Cephalodella* sp.）

往往少许凸出而形成口喙。咀嚼器系典型的杖形，大多数左右对称，少数不对称，有很发达的活塞状存在。绝大多数种类没有脑后囊。足短而不分节。趾1对，一般细而较长。

龟甲轮虫属（*Keratella*）

被甲前端具6个对称棘状突起，有或没有后棘状突起。被甲背面具网状花纹，并隔成许多有规则的小块片，类似龟甲。

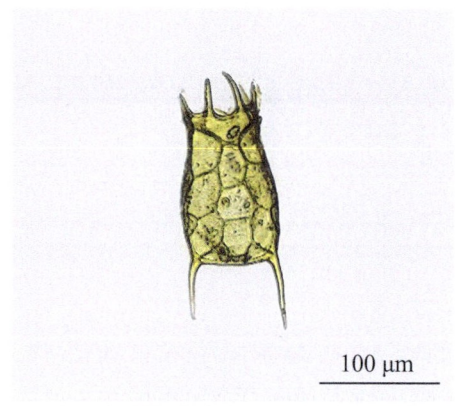

矩形龟甲轮虫（*Keratella quadrata*）

叶轮属（*Notholca*）

背甲中央没有隆起的脊，腹甲后半部也没有尖三角状小"骨片"的突出。背甲后端或浑圆，或瘦削，或形成一突出的短柄。

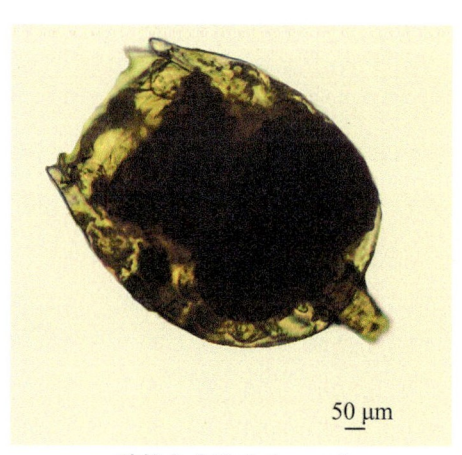

叶轮虫（*Notholon* sp.）

晶囊轮属（*Asplanchna*）

身体无刺，亦无针样或肢样突出物。无肠和肛门，胃不扩张，亦无"污秽胞"。体大、透明如灯泡。卵胎生。

晶囊轮虫（*Asplanchna* sp.）

4.3 节肢动物门枝角目（Cladocera）

仙达溞属（Side）

胸肢6对，同形，呈叶片状；第二触角不论性别均为双肢型，具游泳刚毛15～20根，第二触角外肢3节，内肢2节。

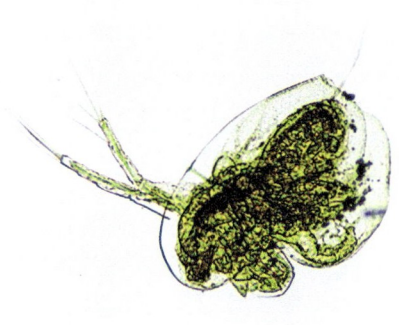

仙达溞（Side sp.）

尖额溞属（Alona）

体呈长卵形或近矩形，侧扁。无隆脊。壳瓣后缘较高，其高度通常比最高部分的一半还大。后腹角一般浑圆，有的种类具刻齿或棘齿。

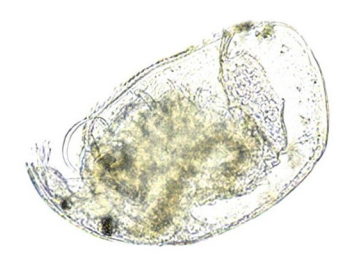

尖额溞（Alona sp.）

水蚤类其他无节幼体 (Daphnia)

水蚤是枝角目水蚤科水蚤属的小型甲壳动物，无节幼体是甲壳类水蚤类动物孵化后的最初幼体形态。它们通常具有不分节的身体结构，拥有三对副肢（两对触角和一对大额），并且营浮游生活。无节幼体期是甲壳类动物发育过程中的一个重要阶段。

溞属 (Daphnia nauplius)

4.4 节肢动物门桡足亚纲 (Copepoda)

剑水蚤目 (Cyclopoida)

前体部远宽于后体部，活动关节明显，位于第4胸足与第5胸足之间两个卵囊在身体两侧。第一触角长度适中，由6～17节组成，短者仅为头节长的1/3，长者可达头胸部的末端。

剑水蚤目 (Cyclopoida)

5 新疆北部主要盐湖卤虫及染色体图谱

孤雌生殖卤虫，虽然不符合生物学物种概念，但广泛分布于欧亚大陆的内陆盐湖中，以前一般称为孤雌生殖卤虫种群，目前一般称为孤雌生殖支系，分子系统学研究显示不同倍性卤虫起源不同。

卤虫隶属于无甲目卤虫科，体延长，全长 1.2～1.5 cm。体明显分为头、胸、腹 3 部分，分节明显。头部 5 节，头部具单眼及一对有柄的复眼。第一触角丝状；第二触角雌性呈一小突起，雄性变成执握器，2 节，宽扁，呈斧状。胸部 11 节，有胸肢 11 对，为游泳肢。腹部由 8 节构成，不具附肢，第 1～2 节愈合。雌性腹面形成卵囊，雄性形成一对交配器。末节有 2 扁平的尾叉，边缘有刚毛。

孤雌卤虫成体（Adult of *Artemia* of Parthenogenetic lineage）

二倍体孤雌卤虫染色体（2n=42）

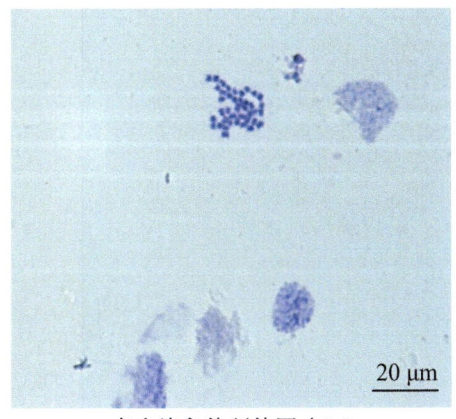

卤虫染色体制片图（2n）

三倍体孤雌卤虫染色体（3n=63）

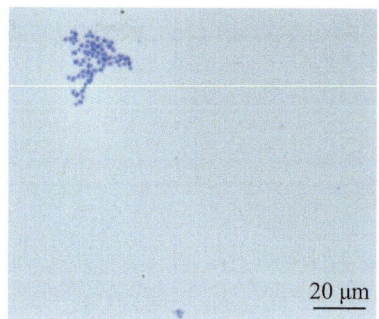

卤虫染色体制片图（3n)

四倍体孤雌卤虫染色体（4n=84）

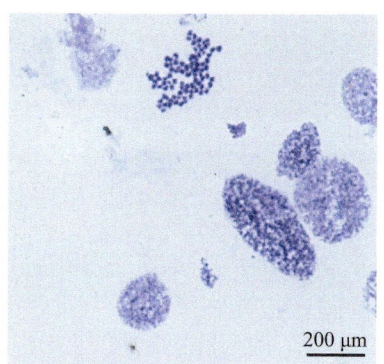

卤虫染色体制片图（4n)

五倍体孤雌卤虫染色体（5n=105）

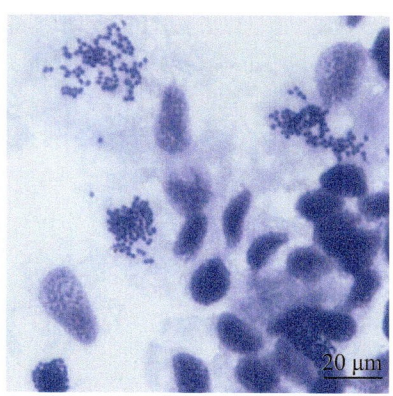

卤虫染色体制片图（5n)

⑥ 新疆北部主要盐湖常见大型无脊椎动物图谱

昆虫纲鹬虻科（Rhagionldae）幼虫

绝大部分为陆生，但有金鹬虻属（*Chrysopilus*）的幼虫为水生。体型如蛆。具有两条纵向条纹和步垫。腹部末端上具有4个瓣状尾突（2个位于腹面，2个位于背面），将末端两个气门包围在其中。幼虫为捕食性。体长可至20mm。

昆虫纲水虻科（Stratiomyidae）幼虫

幼虫身体背腹向扁平。体表强烈几丁质化（革质化），常有很多瘤突及钙化颗粒。体型一般呈长矛状。腹部末端具有羽毛状疏水鬃毛，后气门开口位于其中，有些种类的疏水鬃毛退化成几根鬃毛。幼虫头部与其他短角亚目幼虫明显不同，头壳部分缩入到前胸中；但头部的灵活性不如长角亚目显头型幼虫。口器变化很大，上颚和下颚合并成独特的复合体，在垂直方向上可自由活动，便于取食水中的浮游生物。舌的前部特化成过滤器官。幼虫喜欢静栖于水中，不太活跃。

鹬虻科（Rhagionldae）幼虫

水虻科（Stratiomyidae）幼虫

昆虫纲蠓科（Cetatqogoridae）幼虫

幼虫显头型，体长可至15mm。蠓亚科（Ceratopogoridae），幼虫身体外形蠕虫状。各体节较长，比体节宽度大很多。无臀足，肛门四周有一束鬃毛。头部通常骨化且细长。在固定液中标本呈针状。幼虫穴居型居多。部分属（库蠓属）雌成虫有吸血习性。大约包含15个属。

蠓科（Cetatqogoridae）幼虫

昆虫纲舞虻科（Empididae）幼虫

幼虫为无头型。身体通常为浅白色或浅黄色。腹部具有伪足。通常具有放射状的鬃毛（尾毛），有些位于腹部末端，有些（1～2对）则位于腹部末端的尾突上。大部分舞虻科昆虫为陆生，只有大约5个属的幼虫为水生类型。体长可至7mm。幼虫为捕食性（特别喜欢捕食蚋科幼虫）。该科被划分为两个亚科。

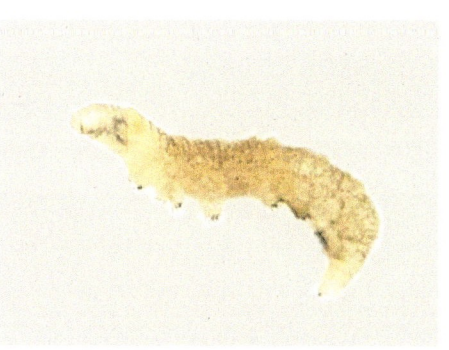

舞虻科（Empididae）幼虫

昆虫纲水蝇科（Ephydridce）幼虫

腹部末端有一根长呼吸管，呼吸管端部有两个可伸缩的管状突起。腹部有8对伪足，最后一对非常发达。下颚边缘具齿。食性有两种：一种是幼虫在水生植物中挖掘隧道（低龄幼虫），然后取食植物的薄壁物质；另一种是幼虫通过滤食和刮食方式取食细菌和微小藻类。体长可至12mm。大约包含7个属。

水蝇科（Ephydridce）幼虫

昆虫纲沼蝇科（Sciomyidae）幼虫

体节通常不可分辨。幼虫身体两端细长。若有伪足，则只位于腹部。体节背面和侧面有稀疏的鬃毛。腹部末端有瓣状突起。气门周围有成簇的疏水毛。幼虫专门吞食水生肺螺亚纲动物，它们在对另外一个肺螺亚纲动物发起攻击前会将捕捉到的肺螺亚纲动物整个吞食。幼虫期可吃掉 10 多个软体动物。生活史约为 1 年 1 代。体长可至 17mm。大约包含 9 个属。

水蝇科（Ephydridce）幼虫

划蝽科（Corixidae）

体长 2.5～15mm，体多狭长，成两侧平行的流线型。在较淡的底色上具有典型的斑马式的黑色横走斑纹，很易识别。头部后缘多少覆盖在前胸背板上。从高自喜马拉雅山，低至死谷，无论淡水、咸淡水中都有。体轻于水，一般附着在池或河底植物上，靠身体周围和翅下储存的空气呼吸。游泳的动作急促、迅速。它与多数异翅目昆虫不同，喙软，取食时用匙状前足铲取藻类或其他小生物。在盐湖周边盐沼中大量可见。

划蝽科（Corixidae）

昆虫纲龙虱科（Dytiscidae）

成虫头壳插入前胸背板中。触角丝状。后足基节不发达。后足为游泳足。在水生鞘翅目中，龙虱科包含的属的数量最多，各类群的幼虫和成虫非常相似。

龙虱科（Dytiscidae）

蝎蝽科（Nepidae）

节肢动物门，昆虫纲，半翅目，蝎蝽科昆虫的总称。成虫体长 37～40mm，宽 10～11mm。体型扁平，深褐色至灰褐色。头小；复眼球形，外突，黑色。前胸背板宽于头部。翅覆盖在腹部背面；前翅膜片黑色，有网状脉纹。前足发达，为捕捉足；中、后足为步行足。腹部背隆起，末端的产卵瓣近似三角形；腹部末端有细长的呼吸管，长达 38mm 而与体长接近。在高盐度盐湖表面可见。

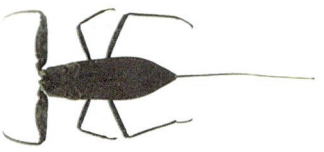

蝎蝽科（Nepidae）

昆虫纲水蝇科水蝇属（*Ephydra* sp.）

水蝇是一类小型或微小型昆虫，多在潮湿的地方活动，如沼泽、溪流、池塘及海滨等地。幼虫纺锤形，多数种类幼虫为水生，有的种类生活在盐水或碱水中，甚至有的种类生活在石油池中。水蝇属（*Ephydra*）1810 年由 Fállen 建立并命名，目前中国已报道 10 种，主要分布于中国北方地区，我国关于水蝇科的研究主要集中在稻水蝇的防治方面，而关于其他水蝇的研究较少。

水蝇属（*Ephydra* sp.）

假膜水蝇（*Ephydra pseudomurina*）

成虫。

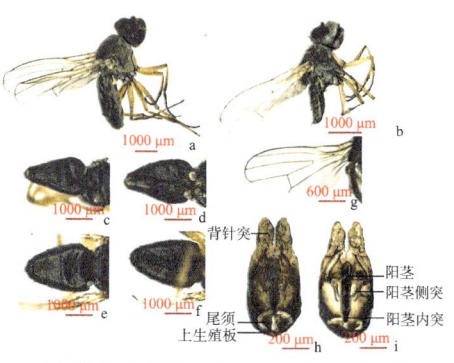

假膜水蝇（*Ephydra pseudomurina*）

蛛形纲（Arachnida）

在盐度超过 70 的盐湖中均发现过蜘蛛尸体，表明在盐湖周边或盐水中生存有蜘蛛。

蛛形纲（Arachnida）

线虫动物（Nematoda）

线虫动物为原腔动物（假体腔动物）中最大的一个类群，绝大多数自由生活的线虫是小型动物，体长一般不超过 2.5mm，多数在 1mm 左右。虫体绝大多数长圆筒形，两端尖细，无纤毛，不分节，两侧对称。头部有口、唇片和乳突。雌虫尾部大都尖直，雄虫尾部弯曲或有交合伞。肛门位于体的后端腹面。虫体大小不一。大多数线虫雌雄异体，两性生殖，卵生；但也有些线虫是卵胎生。由卵发育到成虫一般要经 4 次蜕皮。在饱和盐水的盐湖中可以发现大量的线虫分布。

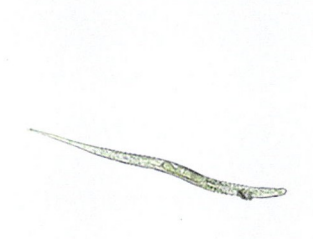

100 μm

线虫动物（Nematoda）

7 新疆北部主要盐湖常见水鸟图谱

渔鸥（*Larus ichthyaetus*）

鸥形目（Lariformes），鸥科（Larus Linnaeus），鸥属（*Larus*），中大型鸥类，体长为38～62cm；上嘴长于卜嘴，尖端卜曲成钩状；尾呈方形；后趾发达。昆明、宁蒗、丽江、大理，为冬候鸟。省外见于青海东部、内蒙古，为繁殖鸟；新疆西部、四川西部，为旅鸟。国外分布于从俄罗斯、蒙古国直至欧洲的红海，以及印度等地。其间主要栖息于天然湖泊中，常单独活动。飞行时发出粗犷的叫声，然后降落在水面上，以水面漂浮物等为食。栖息地海拔1800～2700m。

渔鸥（*Larus ichthyaetus*）

红脚鹬（*Tringa totanus*）

鸻形目（Charadriiformes），鹬科（Scoiopacidae），鹬属（*Tringa*），中等体型（28cm），腿橙红色，嘴基半部为红色。上体褐灰色，下体白色，胸具褐色纵纹。比红脚的鹤鹬体型小，矮胖，嘴较短较厚，嘴基红色较多。飞行时腰部白色明显，次级飞羽具明显白色外缘。尾上具黑白色细斑。虹膜褐色；嘴基部红色，端黑；脚橙红色。

红脚鹬（*Tringa totanus*）

环颈鸻（*Charadrius alexandrinus*）

鸻形目（Charadriiformes），鸻科（Charadriidae），鸻属（*Charadrius*），雄性成鸟（繁殖羽）：额前和眉纹白色；头顶前部具黑色斑，且不与穿眼黑褐纹相连。头顶后部、枕部至后颈沙棕色或灰褐色。后颈具一条白色领圈。上体余部，包括背、肩、翅上覆羽、腰、尾上覆羽灰褐色，腰的两侧白色。飞羽黑褐色，羽干白色，两侧有独特的黑色斑块。翼下覆羽和腋羽白色。

通常单独或者3～5只集群活动于海边潮间带、河口三角洲、泥地、盐田、沿海沼泽和水田，内陆盐碱滩或盐湖。

环颈鸻（*Charadrius alexandrinus*）

矶鹬（*Actitis hypoleucos*）

鸻形目（Charadriiformes），鹬科（Scoiopacidae），鹬属（*Tringa*），体型小，成鸟头颈和上体橄榄褐色，具黑色细羽干纹和端斑，眉纹淡黄白色，眼圈白色，贯眼纹褐色；飞羽黑褐色，脚灰绿色。在中国分布于东北、河北和西北多地，越冬于长江流域及以南各省。栖息于低山丘陵至山脚平原的江河、湖泊、水库等沿岸。喜食鞘翅目、直翅目、夜蛾等昆虫，也吃蝌蚪等其他水生无脊椎动物。雌雄亲鸟共同营巢于水岸边的石滩上，窝卵数4～5枚，由雌鸟孵卵，雄鸟警戒，孵化期约21d，雏鸟早成。

矶鹬（*Actitis hypoleucos*）

小滨鹬（*Calidris minuta*）

鸻形目（Charadriiformes），鹬科（Scoiopacidae），滨鹬属（*Calidris*），的一种动物。体长约14cm，嘴短而粗，腿深灰色，下体白色，上胸侧沾灰色，暗色过眼纹模糊，眉纹白。春季的鸟具赤褐色的繁殖羽。与繁殖期的红胸滨鹬区别在于颏及喉白色，上背具乳白色"V"形带斑，胸部多深色点斑。栖息于开阔平原地带的河流、湖泊、水塘、沼泽等水边和邻近湿地。主要啄食水生昆虫、昆虫幼

小滨鹬（*Calidris minuta*）

虫、小型软体动物和甲壳动物，常在水边浅水处涉水啄食。繁殖于欧亚大陆北部、西伯利亚、往东到楚科奇半岛。越冬于非洲、波斯湾、红海、里海和亚洲南部。孟加拉国、印度、斯里兰卡、缅甸。

普通燕鸥（*Sterna hirundo*）

鸥形目（Lariformes），鸥科（Laridae），燕鸥属（*Sterna*）的一种迁徙夏候鸟。体型略小，约35cm。头顶部黑色，背、肩和翅上覆羽鼠灰色或蓝灰色。颈、腰、尾上覆羽和尾白色。外侧尾羽延长，外侧黑色。下体白色，胸、腹沾葡萄灰褐色。初级飞羽暗灰色，外侧羽缘沾银灰黑色。尾呈深叉状。常呈小群活动，栖息于湖泊、河流、水塘和沼泽地带，频繁地飞翔于水域和沼泽上空，以小鱼、虾等小型动物为食。主要分布于欧洲、亚洲和北美洲，中国则分布于河北、湖北、陕西、福建等省。保护等级为无危。

普通燕鸥（*Sterna hirundo*）

树麻雀（*Passer montanus*）

雀形目（Passeriformes），文鸟科（Ploceidae），麻雀属（*Passer*），别名麻雀、家贼，是雀形目雀科麻雀属小型鸟类。体长13～15cm，虹膜暗红褐色，嘴一般为黑色，背沙褐色或棕褐色具黑色纵纹，颏、喉黑色，其余下体污灰白色微沾褐色；脚和趾等均污黄褐色。在中国各地具有分布，在欧洲、亚洲也均有分布。食性较杂，主要以谷粒、草籽、果实为食，繁殖期间也吃大量昆虫；繁殖期3—8月，营巢于墙洞等各种建筑上的空洞缝隙、人工巢箱、树洞甚至空调外机的孔洞中，巢由植物纤维、绒毛等构成，碗状。

树麻雀（*Passer montanus*）

白鹡鸰（*Motacilla alba*）

雀形目（Passeriformes），鹡鸰科（Motacillidae），鹡鸰属（*Motacilla*），额头顶前部和脸白色，头顶后部、枕和后颈黑色。背、肩黑色或灰色，飞羽黑色。翅上小覆羽灰色或黑色，中覆羽、大覆羽白色或尖端白色，在翅上形成明显的白色翅斑。栖息于村落、河流、小溪、水塘等附近，在离水较近的耕地、草场等均可见到。经常成对活动或结小群活动。以昆虫为食。觅食时地上行走，或在空中捕食昆虫。飞行时呈波浪式前进，停息时尾部不停上下摆动。主要分布在欧亚大陆的大部分地区和非洲北部的阿拉伯地区，在中国也有广泛分布。

白鹡鸰（*Motacilla alba*）

赤麻鸭（*Tadorna ferruginea*）

雁形目（Anseriformes），鸭科（Anatidae），麻鸭属（*Tadorna*），体型似雁而稍小，但比家鸭略大。体羽主要呈棕栗色；头部淡棕白色；翅上覆羽白而略染黄色；小翼羽，初级飞羽、尾上覆羽、尾羽均黑色；翼镜铜绿色；嘴和脚黑色。赤麻鸭以草、谷物、陆生植物嫩芽、沉水植物陆生及水生无脊椎动物等为食，亦可取食小型鱼类与两栖类。在云南境内广泛分布于各高原湖泊及沼泽湿地，冬候鸟。国外繁殖于欧洲东南部，亚洲中部，蒙古国以及非洲西北部等地；在日本南部、朝鲜半岛、中南半岛及非洲北部尼罗河流域越冬。

赤麻鸭（*Tadorna ferruginea*）

黑翅长脚鹬（*Himantopus himantopus*）

鸻形目（Charadriiformes），反嘴鹬科（Recurvirostridea），长脚鹬属（*Himantopus*），体长35～40cm，两脚特长。腿和足呈粉红色；喙黑色，细长且笔直；头颈部的颜色在个体间变异较大。以环节动物、软体动物、虾、蝌蚪和昆虫等无脊椎动物为食。黑翅长脚鹬在亚洲、欧洲、非洲及美洲的温带、亚热带和热带地区均有分布。栖息于开阔草地中的湖泊、沼泽

黑翅长脚鹬（*Himantopus himantopus*）

等湿地或稻田、鱼塘。繁殖期在5—7月，营巢于开阔湖边的沼泽地或草地上，以苇茎、枯草等构筑碟状巢。窝卵数4枚，由雌雄亲鸟轮流孵卵，孵化期16～18d。

反嘴鹬（*Recurvirostra avosetta*）

鸻形目（Charadriiformes），反嘴鹬科（Recurvirostridea），反嘴鹬属（*Recurvirostra*），体长38～45cm。眼先、前额、头顶、枕和颈上部绒黑色或黑褐色，其余颈部、背、腰、尾上覆羽和整个下体白色。单独或成对觅食，休憩时成群。主食小型甲壳类、软体类、螨虫和水生昆虫。分布于欧亚大陆及非洲。在中国的东北、西北及华北地区繁殖，在长江中下游及以南地区越冬。栖息于平原至半荒漠地带的湖泊、沼泽等湿地，亦见于海滩和河口。繁殖期在5～7月，成群营巢于开阔的湖岸或海岸的盐碱地与沙滩上。窝卵数通常4枚，由雌雄亲鸟轮流孵卵，孵化期22～24d。

反嘴鹬（*Recurvirostra avosetta*）

豆雁（*Anser fabalis*）

雁形目（Anseriformes），鸭科（Anatidae），雁属（*Anser*），成鸟头、颈、背灰褐色，带淡黄色羽缘；尾上覆羽白色，尾羽黑褐色带白端，下体前颈、胸淡灰褐色，带细密的浅色横纹；喙黑褐色带橘黄色斑块，蹼足橙黄色。以植物性食物为食，吃植物果实、种子，也吃少量软体动物。繁殖于欧洲北部、西伯利亚、冰岛和格陵兰岛等地，在西欧、西亚、东亚越冬。在我国为冬候鸟，越冬于长江中下游和东南沿海地区。繁殖期在5—7月，配偶较为稳定。在偏的苔原沼泽地带营巢，窝卵数3～4枚，雌鸟孵化，雄鸟警戒，孵化期25～29d。雏鸟早成，孵出不久即可跟随亲鸟活动，需3年性成熟。成鸟7月中旬至8月中旬换羽，在此期间丧失飞行能力。

豆雁（*Anser fabalis*）

蓑羽鹤（*Anthropoides virgo*）

鹤形目（Gruiformes），鹤科（Gruidae），蓑羽鹤属（*Anthropoides*），喉和前颈羽毛极度延长成蓑状，眼后和耳羽形成的白色耳簇羽延长成束状，垂于头侧。体羽主要为蓝灰色；头侧、喉和前颈黑色；翅灰色，但羽端黑色，飞翔时形成黑色翅尖；虹膜红色；嘴黄绿色；脚和趾黑色。

蓑羽鹤（*Anthropoides virgo*）

灰雁（*Artamus fuscus*）

雁形目（Anseriformes），鸭科（Anatidae），雁属（*Anser*），属于体型较大（约76cm）的雁。嘴为粉红色，头部、颈部为黑褐色；背部和飞羽为黑褐色，且飞羽翼缘为白色；胸部和腹部为灰褐色，两侧具有黑色横纹，尾下覆羽为白色，雌雄无明显差异。又名灰腰雁、红嘴厘、沙雁。

灰雁（*Artamus fuscus*）

红颈瓣蹼鹬（*Phalaropus lobatus*）

鸻形目（Charadriiformes），鹬科（Scolopacidae），瓣蹼鹬属（*Phalarodidae*），体长18～21cm。嘴细而尖，黑色。脚亦为黑色，趾具瓣蹼。夏季雌鸟上体灰黑色，眼上有一小块白斑。背、肩部有4条橙黄色纵带。前颈栗红色，并向两侧往上延伸到眼后，形成一栗红色环带。颏、喉白色，胸侧和两胁灰色，其余下体白色，雄鸟似雌鸟，但体形较小，上体较淡，颈部环带棕红色。冬羽上体灰色，具白色羽缘；额、颊、颈侧和下体白色，眼后有条状黑斑。飞翔时翅上有白色翅带，腰两侧白色。

红颈瓣蹼鹬（*Phalaropus lobatus*）

参考文献

胡鸿钧，魏印心，2006. 中国淡水藻类 系统、分类及生态 [M]. 北京：科学出版社.

黄祥飞，陈伟民，蔡启铭，2000. 湖泊生态调查观测与分析 [M]. 北京：中国标准出版社.

孔凡晶，郑绵平，张洪霞，等，2019. 盐湖农业及其发展战略研究 [J]. 中国工程科学，21（1）：148-152.

刘静，2024. 额河流域三个咸化湖泊浮游生物、大型底栖动物多样性初步研究 [D]. 阿拉尔：塔里木大学.

刘源野，2013. 中国及周边地区水蝇科的补充性分类研究（双翅目：水蝇科）[D]. 北京：中国农业大学.

全国水产标准化技术委员会渔业资源分技术委员会，2010. 淡水浮游生物调查技术规范，SC/T 9402—2010[8]. 北京：中华人民共和国农业部.

任慕莲，郭焱，王基琳，等，1996. 中国西北部盐湖卤虫生态及资源 [M]. 哈尔滨：黑龙江科学技术出版社.

史楠楠，2022. 巴里坤盐湖浮游生物多样性研究 [D]. 阿拉尔：塔里木大学.

史楠楠，王智超，程勇，等，2023. 新疆巴里坤盐湖浮游生物群落特征分析 [J]. 水产学杂志，36（06）：78-86.

王苏民，窦鸿身，等，1998. 中国湖泊志 [M]. 北京：科学出版社.

翁建中，2010. 中国常见淡水浮游藻类图谱 [M]. 上海：上海科学技术出版社.

谢树莲，李砧，石瑛，2019. 运城盐池湖区的藻类植物 [M]. 北京：海洋出版社.

赵文，殷旭旺，王珊，2015. 盐水轮虫的生物学及海水培养利用 [M]. 北京：科学出版社.

赵文等，2010. 中国盐湖生态学 [M]. 北京：科学出版社.

赵欣如，2018. 中国鸟类图鉴 [M]. 北京：商务印书馆.

郑喜玉，张明刚，徐昶，等，2002. 中国盐湖志 [M]. 北京：科学出版社 .

周凤霞，陈剑虹，2020. 淡水微型生物与底栖动物图谱 [M]. 3 版：北京：化学工业出版社 .

Bell E, Laybourn-Parry J, 1999. Annual plankton dynamics in an Antarctic saline lake[J].Freshwater Biology, 41：507-519.

Ciocco N F, Scheibler E E, 2008. Malacofauna of the littoral benthos of a saline lake in southern Mendoza, Argentina[J]. Fundamental and applied limnology, 172（2）：87-98.

Echaniz S A, Vignatti A M, 2011. Seasonal variation and influence of turbidity and salinity on the zooplankton of a saline lake in central Argentina[J]. Latin American Journal of Aquatic Research, 39（2）：306-315.

HAMMER U T, 1986. Saline lake ecosystems of the world[M]. The Netherlands：Kluwer Academic Publishers Group.

Polykarpou P, Katsiapi M, Genitsaris S, et al., 2023. Phytoplankton Diversity and Blooms in Ephemeral Saline Lakes of Cyprus[J]. Diversity, 15（12）：1204.

Romano M, Barberis I, Pagano F, et al., 2005. Seasonal and interannual variation in waterbird abundance and species composition in the Melincué saline lake, Argentina[J]. European Journal of Wildlife Research, 51（1）：1-13.

Saros J E, Fritz S C, 2000. Changes in the growth rates of saline-lake diatoms in response to variation in salinity, brine type and nitrogen form[J]. Journal of Plankton Research, 22（6）：1071-1083.

Vidaković D, Krizmanić J, Dojćinović B P, et al., 2019. Alkaline soda Lake Velika Rusanda (Serbia)：the first insight into diatom diversity of this extreme saline lake[J]. Extremophiles, 23：347-357.

Vignatti A M, Paggi J C, Cabrera G C, et al., 2012. Zooplankton diversity and its relationship with environmental changes after the filling of a temporary saline lake in the semi-arid region of La Pampa, Argentina[J]. Latin American Journal of Aquatic Research, 40（4）：1005-1016.